目录
CONTENTS

鹞是一种原产于南美洲的猛禽。它个头小巧，灵活而凶悍，适合在丛林和灌木雨林之间飞行寻找猎物，可以说是鹰家族中的小个子杀手。

而本书要讲述的"鹞"式战机（Harrier Jump Jet），是一个军用喷气式战斗机系列，能够垂直/短距离起降。历史上英国研发"鹞"式战机，是用来在核战时机场被战术核武器摧毁的情况下，能够从停车场或者林中空地起降保卫领空。后来设计被修改用作航空母舰舰载机。"鹞"式战机是亚音速战机。

正如它的名字，"鹞"式战机个头小巧，但战斗力很强，能在空中突然减速，或急转弯，甚至作"空中爬行"；它的攻击凶悍，能执行海上巡逻、舰队防空、攻击海上目标、侦察和反潜等多重任务；最主要的是它是世界上第一种实用型垂直/短距起落飞机，部署灵活而适应能力强，成为战斗机家族中"全能型杀手"。

"鹞"式战机最在诞生于20世纪60年代，作为一种轻型截击机使用，用来

"鹞"式战机

西 风 编著

中国市场出版社
China Market Press

图书在版编目（CIP）数据

"鹞"式战机 /西风编著. —北京：中国市场出版社，2014.4

ISBN 978-7-5092-1185-4

Ⅰ.①鹞… Ⅱ.①西… Ⅲ.①歼击机—介绍—英国 Ⅳ.①E926.31

中国版本图书馆CIP数据核字（2014）第 002388 号

出版发行	中国市场出版社			
社　　址	北京月坛北小街2号院3号楼		邮政编码	100837
电　　话	编 辑 部（010）68034190		读者服务部（010）68022950	
	发 行 部（010）68021338	68020340	68053489	
	68024335	68033577	68033539	
	总 编 室（010）68020336			
	盗版举报（010）68020336			
邮　　箱	1252625925@qq.com			
经　　销	新华书店			
印　　刷	北京九歌天成彩色印刷有限公司			
规　　格	170毫米×230毫米　16开本		版　次	2014年4月第1版
印　　张	12		印　次	2014年4月第1次印刷
字　　数	230千字		定　价	56.00元

在核战争时没有野战机场的条件下起飞，可以说是一种地地道道的冷战产物。后来，由于英国航母小型化和舰载机引进计划的技术瓶颈，陆地上的"鹞"摇身一变成为英国下一代航空母舰的唯一舰载战机，同时也为世界其他国家的小型航母选定为自己的舰载机。后来，美国海军陆战队也看中了这款战斗机的出色的垂直起飞性能，改装后命名为AV-8B，成为美国海军陆战队及两系攻击舰艇固定机翼飞机和近距离支援火力的标配。随着战斗机技术的不断发展，"鹞"式战机本身也在经历着各种改进，从原始型号到Mk2型，再到"海鹞"和美国的AV-8A/B，从仅有近距离格斗的空战能力到肩负起对地攻击，超视距空战截击以及侦查和预警等任务。"鹞"式战机不仅仅装备英国和美国军队，还随着世界轻型航母的发展远嫁到西班牙、印度、意大利等国的海军中服役。

2013年12月15日，是英国"鹞"式战机的最后一次飞行任务。此次任务结束后，这款服役半个世纪的战机正式退役。"鹞"式战机拥有特殊的垂直升降能力，曾参与多次重要战役，包括马尔维纳斯群岛战争、伊拉克和阿富汗战争。

目前，随着F-35B战机的服役，部分"鹞"式战机将被替换，但仍会在有些国家继续服役。本书将从"鹞"式战机的研发背景、研发过程、型号等方面详细地介绍这款传奇战机。

1 "鹞"式战机的
研制背景及研发历史

垂直起降溯源

人类对垂直起降飞行的梦想由来已久。传统飞机虽然将人类送上了天空，但常规机场占地面积太大，战争时期，庞大的机场就成为敌方最好的攻击目标。从军方的角度看，垂直起降的作战大型战机都有其存在的必要性。

1944年，面对盟军强大的战略轰炸机部队，德国本土防空承受了极大的压力。在这种形势下，人类历史上第一种垂直起飞飞机诞生了。这就是巴赫姆的 Ba 349 "毒蛇" 火箭动力截击机。Ba 349 "毒蛇" 飞机必须采用木质和简单的构造，以便能够快速而经济地生产。

Ba 349 的最终设计实质上就是一种载人的地空导弹，"毒蛇" 飞机从一个垂直的轨道上发射，在自动驾驶仪的控制下，它将使用其主火箭发动机和来自火箭助推器的额外动力继续垂直爬升。当飞机到达敌方轰炸机编队空域时，飞行员操控飞机，使用无制导火箭弹进行一次射击冲刺。然后飞机将下降至1400米高度，此时飞机前端将与机身分离，飞行员与机身一起都使用降落伞下降。

当时共生产了 36 架 Ba 349 机身，但仅有 10 架达到了作战要求。然而，这些飞机却没来得及参战，在美国地面部队接近其基地时，这些飞机都被炸毁了。尽管从技术角度看，该机是

上图："毒蛇" 飞机从一个6米高的垂直发射架上发射。有三个导向钢轨用于引导两个机翼和下方尾翼。

相当简陋的，距离理想的垂直起降概念还差得很远，不过该机毕竟打开了人类固定翼飞机垂直起降的大门。

右图：L.塞伯特中尉在首次载人飞行中死亡。发射后飞机座舱盖被吹掉，他可能被撞出机外。

下图：Ba349的主要武器是安装在飞机前端的24枚Hs 217火箭弹。

下图："蝮蛇"被认为是接近高空截击机的最简单设计机型。机头处的火箭阵列是它唯一的武器。

上图：无动力滑行试验始于1944年11月。这些试验获得成功，紧接下来的12月就开始了动力发射试验。

垂直推力矢量发动机

以往的发动机，无论是喷气发动机还是活塞发动机，都只能朝向一个方向喷射动力，而飞机的方向的改变要依靠飞机向前的动力和其他机翼动作。而1957年布里斯托发动机公司（Bristol Engine Company）在研的推力矢量发动机取得了进展。所谓推力矢量发动机就是可以朝向多个方向喷射动力的喷气式发动机，简而言之就是一种尾喷管可以变换方向的发动机。这种设计理论上可以为飞机提供超凡的飞行机动性，因为飞机飞行的机动可以依靠发动机的性能进一步提升，尤其是这项技术为喷气式飞机垂直起降提供了可能。

霍克飞机公司率先设计出以矢量

上图："鹞"式战机垂直起降的惊人能力，使它的用户从使用飞机跑道的专用场地上解放了出来，从汽车停车场到森林空地的任何地方都可以作为飞机的活动基地。

推进技术的发动机为动力的战斗机。而严格来讲，霍克公司使用的发动机并非真正意义上的矢量推进，因为它只能进行简单的二维偏转，即只能完成简单的矢量推进机动，但对于垂直起飞的要求已经足够了。当时霍克公司正在设计满足北约"轻型战术支援飞机"规范的一款机型。这两个项目没有得到英国财政部的资助，但获得了北约的联合武器发展计划资金支持。在北约资金的支持下，霍克公司引进并改进布里斯托发动机公司的矢量发动机，开始了垂直起降飞机的研制工作。

下图：1957年6月英国布里斯托尔公司开始设计，1959年9月第1台试验型发动机首次运转，并定名为"飞马"1。1960年2月，试飞用的"飞马"2首次运转，1960年10月开始"飞马"发动机的首次试飞。此后进行了一系列的改进。1964年年底，为实用型改进的"飞马"6首次运转，经过改进于1967年10月完成150小时定型试验，1968年1月开始交付，此为"飞马"系列发动机的第一个生产型。后来几经改型，至1990年年初，最新的"飞马"11-61定型。

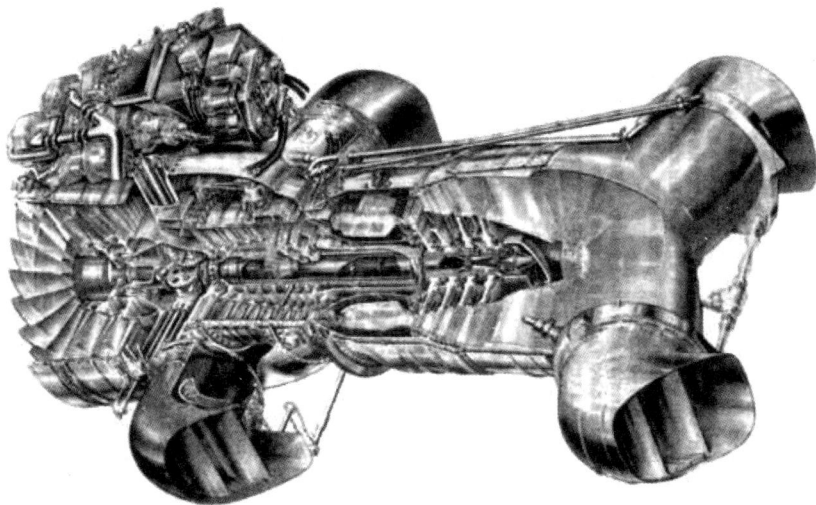

"鹞"式战机研制历程

"鹞"式战机的发展可以概括为三个阶段。第一阶段是原型机研制阶段，霍克·西德利公司的 P.1127/Kestrel FGA.1 原型机是"鹞"式战机的前身。第二阶段是第一代"鹞"，霍克·西德利公司的"鹞"式战机是第一代版本的空军型号，也称作 AV-8A "鹞"式；与此同时出现的"海鹞"是其海军型号，用于攻击与防空。第三阶段是安装新型发动机的美国引进并改装的 V-8B，与英国宇航"鹞"II 是第二代"鹞"式战机。另外，在西班牙、印度、意大利等国家的航母上服役的"鹞"式战机型号是由第一代或第二代"鹞"式战机改进而来，我们会在后面加以介绍。

原型机首飞

自由悬停试验在 1960 年 11 月 19 日着手进行。在改进了自动稳定系统，并最终完成了两次自由悬停试飞后，整个悬停试飞计划宣告结束。在后来的 5 个星期的时间里，P.1127 共计悬停试飞 21 次，总悬停时间 35 分钟。尽管问题还有很多，但毕竟走出了试飞的第一步。

完成了第一阶段系列试验，该机还将采用常规构形以完成常规飞行试验。这包括重新装上为了悬停试验而拆掉的无线电设备、起落架舱门和其他一些组件，此外还将采用新的进气口，其唇口半径较小以适应高速飞行，而不是原来为悬停试验采用的唇口钝圆的钟口形进气口。

常规飞行前的地面滑行试验中，P.1127 的起落架系统出现了严重问题：当滑行速度达到 64 千米/时左右时，前轮、护翼轮以及主轮摆振，导致主液压系统损坏。尽管其中一些问题得到缓解，但最后还是花费些时间才使得起落架系统能较好地工作。

虽然问题不少，第一次常规飞行还是于 1961 年 3 月 13 日在贝德福德机场进行。这次飞行暴露了整套新系统的问题：飞机飞行时横方向稳定性尚可，但纵向稳定性不足，存在上仰问

上图：认为"鹞"式飞机不够尖端，德国VFW-FOKKER公司与其合作伙伴共同建造了一款VAK-191飞机，它装有罗尔斯·罗伊斯公司生产的RB.193发动机，两个升力发动机和小型机翼，以及内置武器舱（在设计中，此飞机为低空攻击机）。

下图：霍克·西德利公司的HS.1154是一款"鹞"式飞机的革新版超音速飞机。在前部喷嘴装有干扰喷燃器，设计目标是英国皇家空军及海军使用的速度达到2马赫的多用途战斗机。1964年该项目被取消之前，它已达到完整尺寸的实体模型阶段。

题；放下起落架后方向稳定性不足；近音速时机翼下沉；副翼下垂；襟翼和阻力板带来严重的配平问题，当在有复杂的地形条件下使用时，产生强烈的低头力矩，必须拉满杆才能维持机头水平；为了避免发动机熄火和喘振而采用的各种限制措施，惠普制造的涡轮叶片有时脱落；座舱空调漏水；自动防滞系统失效，刹爆轮胎，等。

这些问题是大部分试验机上发展过程中遇到过典型的问题。只有在解决了这些问题以后，飞行试验才能进入下一阶段，即由垂直飞行到常规飞行的过渡飞行试验。对此，霍克公司采用了分阶段解决的方法。

第二架 P.1127（序号 XP836）原型机于 1961 年 7 月 7 日在敦斯福德首飞。第二架飞机被用于扩展常规飞行试验，该机在试飞中速度达到 538 节，高度达到 12200 米。此外，该机还一度减速到 98 节，在此速度下由发动机提供了部分垂直升力。由于发动机推力提高到 5443 千克，P.1127 开始着手新的悬停试验。在速度达到 95 节后，开始逐步使用矢量推力，作为驱动飞机前飞的动力。

1961 年 9 月，P.1127 为反作用力控制系统换装新的引气系统，改进了控制机制，使得偏航控制被独立出来，单独在机尾加装了偏航控制喷口。经过这样的改进，P.1127 在速度大于 20 节时的方向不稳定问题得到改善。

P.1127 于 1961 年 9 月 12 日进行了首次全过渡飞行。这是 P.1127 发展历程上的一个里程碑。垂直起飞后，发动机喷管逐渐转向后方，推动飞机水平前飞，直到完全依靠机翼升力飞行。如果喷管转动过快，飞机会有下坠趋势；如果喷管转动太慢，则飞机的高度会上升很多。虽然有些微方向控制和侧滑问题，但在改进的偏航系统控制下，这个操纵实在比当初让 P.1127 在跑道上保持直线滑跑简单多了。

后来又经过反复的试飞发现减速转换也没有什么问题。飞机在第三边将喷管向下转到 40 度位置，以常规飞行动作飞到距预定悬停点 1000 米左右，此时飞机速度为 130～150 节，喷管转到悬停位置。由于失去推力的全部水平分量，飞机在阻力作用下很快减速。飞行员此时需要做的就是控制油门，以推力升力弥补迅速下降的机翼升力，保持飞机平飞。

试飞结果显示，飞机迎角在较高速度时可以作为一个高度控制手段，同时飞行员在处理机翼升力和推力升

上图：尽管"鹞"式战机不能携带与更常规的对地攻击喷气机一样多的武器，但它还是能装载大量的军火，特别是携带斯内波（SNEB）高能火箭。

上图：与美国超级航空母舰相比，英国航空母舰的体型较小，但是"无敌"号和"竞技神"号航空母舰在恶劣的天气下继续作战，作战目的是为英国皇家空军的"鹞"式飞机建立位于马尔维纳斯群岛的远征跑道。但由于"大西洋运送者"号货船被击沉，损失了所有用于建立机场的材料。

力时有相当大的处置余地。使用迎角控制，可以有效避免机翼失速问题。同时风洞试验数据也显示，在迎角15～18度，喷管向下状态，飞机具有抬头趋势。此后，又进行了无自动稳定系统的转换试飞，证明只要给予飞行员足够的控制能力，他就可以独立完成飞机控制，而无须采用复杂的自动稳定系统。

最后的关键领域是短距起飞。这对于 P.1127 潜在的用途而言显得尤为重要，因为这意味着相对垂直起飞可以携带更多的燃油和武器。第一次短距起飞于 10 月 28 日在敦斯福德进行，这种飞机继加速转换飞行后又完成了其后的这个试验项目。在不到一年的

上图：霍克·西德利公司的"鹞"式战机是一种伟大航空器的重大突破。"鹞"式战机是由悉尼·卡姆（Sydney Camm）在20世纪50年代晚期设计的，它成为世界上第一个V/STOL（垂直/短距起飞和着陆）战斗机。没有其他任何军用机不仅可以像直升机那样垂直升起，还像常规战斗机-轰炸机那样水平飞行。多年来，早期的"鹞"式战机由于具有突然弹跳上天的能力，人们称呼它为"弹跳式喷气飞机"，它在垂直飞行方面尊享着垄断优势。

时间里，P.1127 已经证明它能够执行为它设计的所有任务，尽管其自身还存在着重大的问题。新飞机的基本成功使得霍克公司放心了，但是他们也充分地认识到还有大量工作有待完成，以便为 P.1127 向真正实用的战术飞机

迈进打下基础。

根据进行中的试飞程序发现的问题，P.1127 做了大量改进。1961 年 12 月初，XP836 在俯冲中达到了 1.2 马赫的速度。但仅仅过了几天，1961 年 12 月 14 日，由于一对前喷管脱落，

本图:20世纪50年代，美国较受青睐的垂直起飞与着陆方式为尾坐式，瑞安公司的X-13是这群飞机中最成功的一个，并在五角大楼停车场进行过展示，但试飞困难也是十分巨大的。

上图：20世纪60年代后期，5架英国皇家空军"鹞"式短距起飞/垂直着陆（STOVL）战机在编队飞行。据统计，此照片中有两架或三架飞机在飞行事故中结束了自己的职业生涯。

左图：1982年马尔维纳斯群岛之战中，英国皇家海军"海鹞"式飞机与皇家空军"鹞"式飞机从海军"无敌"号和"竞技神"号航空母舰上起飞，肩并肩作战。尽管作战由于充满事故而显得非常不协调，但"鹞"式飞机对防止阿根廷飞机的攻击提供了关键性保护。

XP836 紧急返航，但在迫降的最后阶段，该机在大约 100 米高度、170 节速度时突然失去横向控制能力，随即坠毁。幸运的是，飞行员比尔·贝尔福德成功跳伞逃生。这次事故导致了第一次重大改进——后来的调查显示，由于错误地在喷管结构上采用了玻璃纤维，导致了这次事故。此后，喷管改用了钢结构。尽管如此，英国政府在 11 月初订购 4 架改进型 P.1127 的承诺仍然不变，4 架原型机飞机如期交付。

第一架改进型飞机 XP972 于 1962 年 4 月试飞，但仅仅使用了几个月。10 月 30 日试飞中，休·迈尔威仁做了一个急转弯，压气机叶片突然脱落并刮擦钛合金的发动机匣，导致发动机起火。虽然他尽力飞往英国空军的唐枚尔基地迫降，但飞机还是遭到严重损坏，很快就报废了。

接下来的两架——XP976 和 XP980 分别于 1962 年 6 月和 1963 年 2 月试飞。与此同时，新型"飞马"3 发动机也达到实用状态，XP976 遂成为第一架安装这种发动机的 P.1127 飞机，并

右图："鹞"式战机的 V/STOL 能力意味着在马尔维纳斯战争中，皇家空军的对地攻击型飞机可以与皇家海军舰板上的海上"鹞"式战机并肩作战。

加装了扩大的橡胶前缘进气口以适应起飞的需要。

所有可用的原型机都完成了大量的改进，包括在机翼上采用的流线型翼尖（XP972 和 XP980）、下反的平尾以及加大的腹鳍以解决试飞中遇到的方向稳定性不足的问题。

在 1964 年 2 月试飞的最后一架 XP984 上采用了折中的金属进气口，就像在"茶隼"上采用的一样。XP984 采用了新的后掠翼和加长的机身以及"飞马"5 发动机，并成为"茶隼"的原型机。

1965 年 4 月至 11 月，用 9 架飞机进行了 7 个月的飞行试验，共飞了

2000 个起落。

1965 年春，英国研制"茶隼"发展型机型。1967 年，这种发展型定名为"鹞"。这是一种完整的垂直-短距起落的武器系统。第一架"鹞"型原型机于 1966 年 8 月底首次试飞。"鹞"的外形虽与 P.1127 和"茶隼"十分相似，但实际上 95% 是重新设计的，采用了推力为 84.5 千牛的"飞马"101 发动机，各系统完全作了修改，还有若干较重要的气动外形变化，最明显的是在进气口、机翼平面形状、头锥、尾锥、背鳍和减速板等方面。

"鹞"是一种主要为低空对地攻击使用而设计的亚音速单座垂直-短距起落攻击机。它实现垂直-短距起落的基本原理在于采用一台 4 个可旋转喷口的"飞马"涡扇发动机来提供起落时所需的升力以及过渡飞行和正常飞行所需的推力。两对喷口对称于飞机重心，分置机身两侧，通过喷口操纵系统的操纵杆和发动机油门杆，实现发动机推力矢量的控制（改变推力的大小和方向）。机头、机身和翼梢装有从发动机引气的喷气反作用操纵系统，用以控制垂直、短距起落或悬停时的飞行姿态，在正常飞行中也可用以改善失速时的操纵性。"鹞"的推重比较大，在使用试验中发现，若在前飞中使用推力转向，可使飞机具有独特的中、低空机动性和空战能力。因此，除主要用作直接空中支援和战术侦察外，也可用于局部防空。

1959 年"鹞"开始进行原型机制造，

上图："鹞"式战机是美国曾购买过的一些外国飞机的其中一种。美国的海军陆战队飞行了110架"鹞"式战机，机型编号为AV-8A。

1960 年第一架原型机制造完成出厂。问世 30 年来，"鹞"可分为三个系列：第一个系列是对地攻击型，包括"鹞"GR Mk1、GR Mk1A 和 GR Mk3，1969 年 4 月开始装备空军。第二个系列是双座教练型，包括"鹞"T Mk2、T Mk2A、T Mk4、T Mk4A 和 T Mk8N 等型号，1970 年 7 月开始投入使用。第三个系列是海军型和出口型，包括"鹞"Mk50、GR Mk5、Mk52、Mk54、Mk55、Mk60 以及"海鹞"FRS Mk1 和 FRS Mk2 等。

第一代"鹞"式战机

第一代"鹞"式战机主要有三种型号，即英国空军装备的"鹞"式霍克·西德利战机 GR.Mk1/GR.Mk3，美国海军陆战队装备的 AV-8A "鹞"式战机，以及英国宇航"海鹞"战斗机海军版侦察 / 攻击机。

英国空军装备的"鹞"式霍克·西德利战机 GR.Mk1/GR.Mk3，直接源于原型机 P.1127，是英国空军装备最早的一种"鹞"式战机，也是"鹞"式战机最主要的型号。主要分为 GR.Mk1、GR.Mk1A 和 GR.Mk3 三种具体型号，这三种型号区别不大，主要是航电和载荷方面的改动。在研制过程中，对原型机进行了部分的修改，比如增加了性能更加可靠的飞行控制系统和容量更大的油箱，保证飞机的安全起飞和一定的作战半径。

美国海军陆战队装备的 AV-8A "鹞"式战机，是美国海军陆战队从英国引进的"鹞"式战机。该款战机主要为了满足海军陆战队前线航空火力支援部队的需要。首批引进的"鹞"式战机是原型机 P.1127 的改进版，英国方面的编号是"鹞"Mk50，美军重新编号为 AV-8A，"鹞"Mk50 与英国的"鹞"GR.Mk3 基本上一样，但因为政治原因，英国宇航公司应美国要求进行了细节改进，增加使用"响尾蛇"导弹的能力等。前 10 架装"飞马"102 发动机，之后的改装"飞马"103 发动机。最终美国海军陆战队共购买 102 架 AV-8A，后来又订购了 8 架装"飞马"103 发动机的双座"鹞"Mk54，改名为 TAV-8A，用于作战训练。虽然美国版本的"鹞"式战机比英国皇家空军的"鹞"式战机 GR.Mk3 少安装了几套导航 / 攻击系统，但携带了用于空中格斗的 AIM-9 "响尾蛇"导弹。在空中格斗中，美国海军陆战队的飞行员们发掘出了"鹞"式战机指令系统的一个非常有用的用途，这就是众所周知的"前飞引导"，它在空战中利用推力为"鹞"式战机提供了其他战机无法媲美的空前的机动能力。美国海军陆战队有1个训练中队和3个作战中队配备了AV-8型战机。在服役期间，AV-8A后来被改装成AV-8C型，机身和系统都得到了改进。

英国海军型"鹞"式战机开发自

雅克-38"铁匠"：苏联早期的垂直起降飞机

雅克-38"铁匠"通常被称为英国皇家海军第一代"鹞"式战机在苏联的复制品，但它们的用途截然不同，"铁匠"只是作为一种轻型攻击机，而"鹞"Mk1型主要用于防空作战。雅克-38型飞机没有安装雷达系统，4个翼下外挂架可携带Kh-23型无线电制导空对地导弹（AS-7"克里牛"）、非制导炸弹、火箭以及R-60型空对空导弹（AA-8"蚜虫"）。雅克-38型飞机为苏联固定翼飞机的起降作战积累了丰富的经验，该型机可在"基辅"级航空母舰上起降，也可在民用舰船上起降，甚至赴阿富汗战场执行陆基飞机的作战任务。"基辅"级航空母舰舰载机联队的标准编制包括20架雅克-38或Ka-25/27反潜直升机，"明斯克"号、"新罗西斯克"号和"巴库"号可搭载28架"铁匠"飞机或反潜直升机。鉴于雅克-38型飞机的成功经验，促使苏联海军计划配备超音速的雅克-41M"自由式"垂直起降战斗机，但这项计划在1992年取消。

霍克·西德利"鹞"式战机。1980年4月入役英国海军航空兵作为"海鹞"FRS.1，2006年3月这些"海鹞"从英国海军航空兵退役。"海鹞"FRS Mk.51仍在印度海军服役，作为印度航空母舰"维拉特"号的舰载机。随着英国皇家海军航空兵的"鬼怪"战斗机的退役，英国皇家海军最后一艘常规动力航空母舰"皇家方舟"号也于1979年退役，此时，"海鹞"战机的出现意外地填补了当时的空白。"海鹞"战机和新一代主要用于反潜的20000吨的"无敌"级轻型航空母舰一起问世。

第二代"鹞"式战机

第二代"鹞"式战机主要是指美国麦道公司与英国宇航公司共同设计的"鹞"式战机，称为ＡＶ-

下图：英国"皇家方舟"号航空母舰。

8B/"鹞"II。包括英国宇航"鹞"II战机（GR.Mk5/GR.Mk7/GR.Mk9在20世纪80年代中期入役）以及美国海军陆战队装备的AV-8B。AV-8B主要用于轻型攻击机或多任务角色，从小型航母上起降。西班牙、意大利也使用此型战机。

英国宇航"鹞"II战机是AV-8B的改进型，是英国装备的版本，主要用于代替之前第一代"鹞"式战机。

上图："鹞"式战机经常被委派到英国的机动部队执勤，并定期用来对挪威和北约北部侧翼的增援进行训练。

"鹞"的演进

■霍克公司P.1127：作为"鹞"的先驱，P.1127于1960年10月首次上天飞行。

■霍克公司"茶隼"FGA.Mk 1：P.1127获得巨大成功后，被称为"茶隼"的9架发展型飞机投入了生产。

■霍克·西德利AV-8A"鹞"：这是美国海军陆战队获得的第一代"鹞"，后来被AV-8B所取代。

■霍克·西德利"鹞"GR.Mk3：GR.Mk3代表了早期"鹞"研发的最高成就，一直服役到1993年。

2 "鹞"式战机家族

"鹞" GR.Mk1和GR.Mk3

"鹞" GR.Mk1、GR.Mk1A 和 GR.Mk3 为英国空军生产的单座直接空中支援和侦察型。1967 年 12 月底首次试飞，1969 年 4 月进入部队服役。从 1969 年到 1987 年，共有 118 架该型飞机交付英国皇家空军。自 1988 年起，一些早期交付的飞机开始退役。1989 年，英国政府在"鹞" GR.Mk5 交付后，将老式"鹞"式战机转卖国外。"鹞" GR.Mk1 最初装静推力 84.3 千牛的"飞马" 101 发动机，后来换装静推力 88.9 千牛的"飞马" 102 发动机，代号改为 GR.Mk1A。后来的"鹞" GR.Mk3 型换装了"飞马" 103 发动机，英国空军 1976 年订购了 12 架，1977 年又订购了 24 架。1978 年年初，装有气垫增升装置（CADS）和翼根前缘边条（LERX）的"鹞" GR.Mk3 开始试飞。气垫增升装置是在机身下由机炮舱和横向垂直

下图："鹞"式战机证明了在海上无须常规航母就可以使用高性能喷气机的概念。这里给出的是：一架早期的"鹞"式战机正在使用它的矢量推力，在直升机巡洋舰英国皇家海军舰艇布莱克（HMS Blake）上垂直着陆。

上图：英国皇家海军早期的"鹞"战机"皇家学会会员"（FRS）一号为皇家空军、英国陆军和皇家海军在1982年的从阿根廷军队手中解放马尔维纳斯群岛的行动提供了空中掩护。皇家海军和空军的飞行员驾驶的"海鹞"配备了最新型号的AIM-9"响尾蛇"热导空对空导弹。

上图：由于"基辅"号航空母舰的出现，英国出于安全考虑支持舰载版"鹞"式飞机，它可以从相对较小的"无敌"级巡洋舰（配备直升机甲板）上起飞。"海鹞"式FRS.1是对基本设计的改进机型，成本最低。它稍微改进了座舱和前置雷达。

边条构成匣形增升装置，搜集从地面反射回来的发动机排气流以增加升力，两炮舱前的横向边条也防止废气再入进气道。

"鹞"式 GR.Mk 1 战机在航空历史上具有特殊的地位，它是当今先进"鹞"式战机的先祖，并是先进的 F-35 JSF 战机设计灵感的源泉。"鹞"GR. Mk 1 战机在英国皇家空军的德国基地服役中，取得了很大的成功，并创立了一个令人羡慕的安全记录。20 年来，装满炸弹的"鹞"式战机时刻准备着战斗，它是冷战中的重要参与者。

下图：英美"鹞"Ⅱ战斗机的终极版是AV－8B＋，它前部配备了雷神公司的APG－65雷达，天线罩上配备了红外线照相机。20世纪90年代，大多数海军陆战队的现有"鹞"飞机都改良成此种配置。

上图：英国皇家空军中服役的"鹞"式战机航空中队在英国有一个，在德国有三个。原来有71架"鹞"GR.Mk1战机，随后又增加了40架GR.Mk3飞机，该机安装了动力更强大的发动机。

下图：在新一代的"鹞"式战机上，最显著的特征就是加大的发动机进气道。从图中可以看出在GR.Mk5型机的机头处安装了激光电视摄像机，可以测量目标的倾斜角和距离。

"鹞" GR.Mk1技术数据

机型： 单座V/STOL对地攻击/侦察机

动力系统： 一台84.52千牛推力的罗尔斯·罗伊斯［布里斯托尔·西德利（Bristol Siddeley）］"飞马"Mk 101矢量推力涡扇发动机

性能： 在高空11000米最大飞行速度为1186千米/小时；初始爬升率为8分12秒可达13720米；一次空中加油后的航程为5560千米；实用升限15240米

重量： 基本飞行重量5580千克；最大起飞重量11340千克

尺寸： 翼展7.7米；机长13.87米；机高3.45米；机翼面积18.68平方米

武器装备： 在机身下部和翼下挂点可以最大装载2268千克，包括一门30毫米口径亚丁（ADEN）机炮吊舱、炸弹、火箭、燃烧弹和一个装有5台照相机的侦察吊舱

下图：F—35A战机是由联合攻击战斗机的主要承包商洛克希德·马丁公司推出的第一架"闪电2"战机。这架F—35A型战机没有复杂的短距起飞和垂直降落系统，因此它多少有点弱于F—35B战机。

"鹞"GR.Mk3飞机长长的机头内安装有费伦蒂（Ferranti）雷达测距仪和标定目标的搜索器，它们通过一个基于地面的指示器能够搜寻和探测由目标反射回来的信号。

"鹞"式战机的驾驶员坐在马丁－贝克（Martin－Baker）Mk9D火箭弹射座椅上。该座椅可以在全速度和高度包线范围内把飞行员弹射到安全的地方。

"鹞"式战机的V/STOL性能关键是使用的发动机矢量推力系统。这种"飞马"（Pegasus）发动机有四个旋转的发动机喷气嘴，当它指向下方时给飞机提供升力，而指向后方时提供推力。

虽然在"鹞"式战机座舱周围的视野不太好，但前部的视野很好。

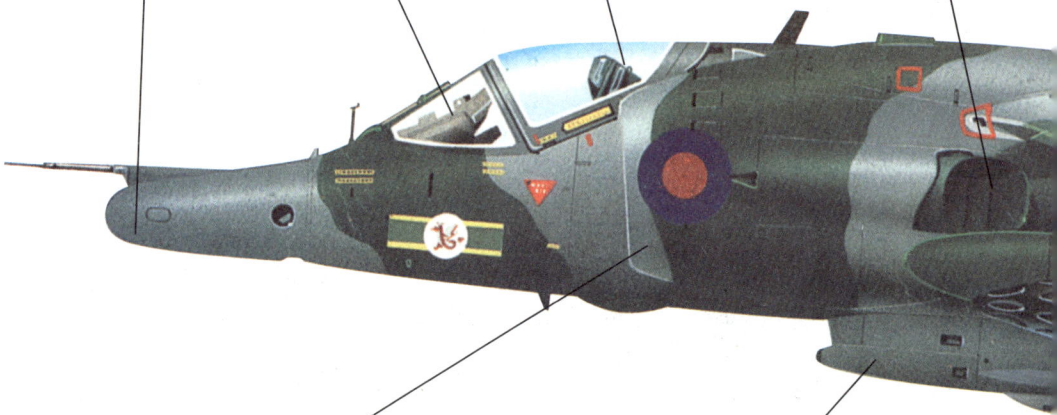

"鹞"式战机的发动机是一台罗尔斯·罗伊斯"飞马"发动机。这是一台当下战斗机中动力最强大的喷气发动机之一。在"鹞"GR.Mk3飞机中，它可以在没有加力的情况下提供将近11吨的推力。

两门30毫米口径机炮，安装在"鹞"式战机机身下部的吊舱内，每门带有150发子弹。这些武器非常准确，可以用来攻击地面和空中目标。

上图：马尔维纳斯群岛之战后，英国认识到皇家海军需要远距雷达和导弹来保护舰队。FRS.1"鹞"式改装成FA.2，装备了费朗蒂公司（Ferranti）的"蓝雌狐"雷达和先进的AIM-120中程空对空导弹。

与大多数现代战机一样，"鹞"式战机在安装了一个雷达告警接收器以后就结束了它的生涯，该接收器能够探测和分类敌方雷达的传输信号。

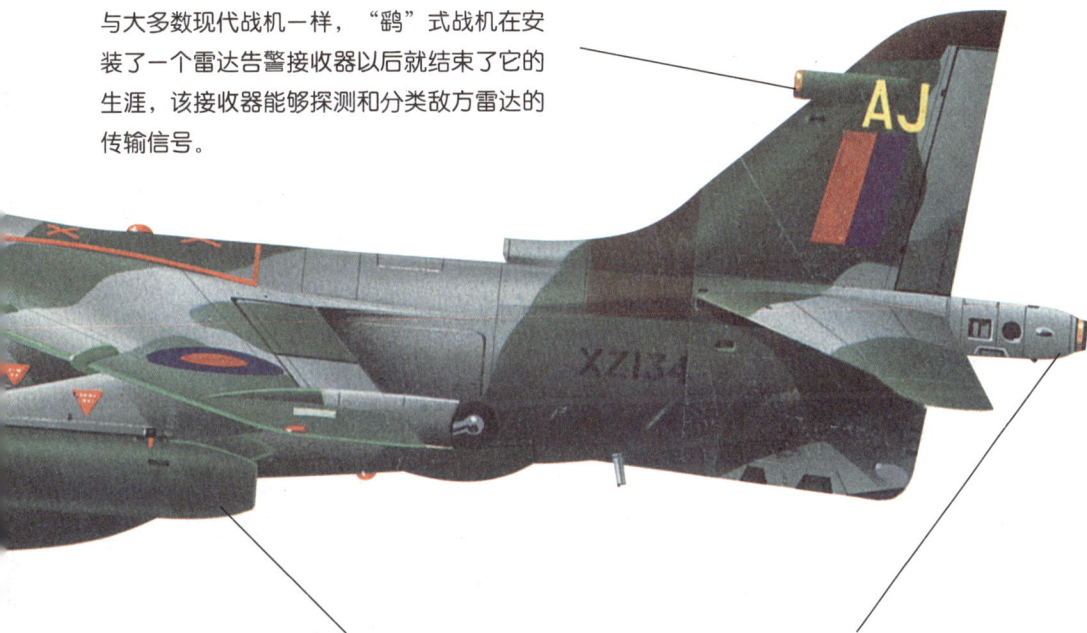

马特拉斯内波（MATRA SNEB）火箭吊舱可以装载19枚非制导的火箭弹，火箭弹带有"自由偏转"的稳定安定翼。68毫米的火箭带有两种反坦克高爆弹头（HEAT）和碎片弹头，可以有效攻击大多数装甲目标。

在悬停速度时，当气动操纵面失效的情况下，"鹞"式战机由位于机头、尾部和翼尖的喷气 "吹气"控制。这是从发动机喷出的高压气流中引出的。

"鹞" GR.Mk3
主要部件剖面图
1 空速管；
2 激光窗防护"眼睑"；
3 法兰蒂公司激光测距与目标指示装置；
4 冷却空气管道；
5 倾斜照相机；
6 照相机舱口；
7 风挡清洗液储存器；
8 惯性平台；
9 前俯仰反作用控制进气道；
10 俯仰操纵感力卸除机构；
11 敌我识别天线；
12 座舱冲压进气口；
13 偏航翼；
14 座舱排气阀；
15 前密封舱壁；
16 方向舵踏板；
17 导航/攻击"俯视"显示器；
18 地板下操纵连杆；
19 座舱盖外部把手；
20 驾驶杆；
21 仪表板遮盖罩；
22 风挡雨刷；
23 防鸟撞风挡玻璃；
24 抬头显示器；
25 右侧操纵面板；
26 喷管角度控制手柄；
27 引擎油门杆；
28 弹射座椅火箭助推器；
29 燃料开关；
30 座舱减压阀；

31 座舱应急开启装置；
32 驾驶员马丁·贝克 9D型0－0弹射座椅；
33 带有微型爆破索的座舱盖穿透装置；
34 后向滑动座舱盖；
35 右侧进气道；
36 弹射座椅头枕；
37 座舱后密封舱壁；
38 前起落架轮舱；
39 附面层放气管道；
40 左侧进气道；
41 打开的前轮舱门；
42 着陆/滑行灯；
43 前轮叉；

44 前轮；
45 辅助进气口舱门（完全打开状态）；
46 进气道；
47 液压蓄力器；
48 前轮收放动作筒；
49 进气口中心体；
50 引擎进气道冲压排气装置；
51 座舱空调装置；

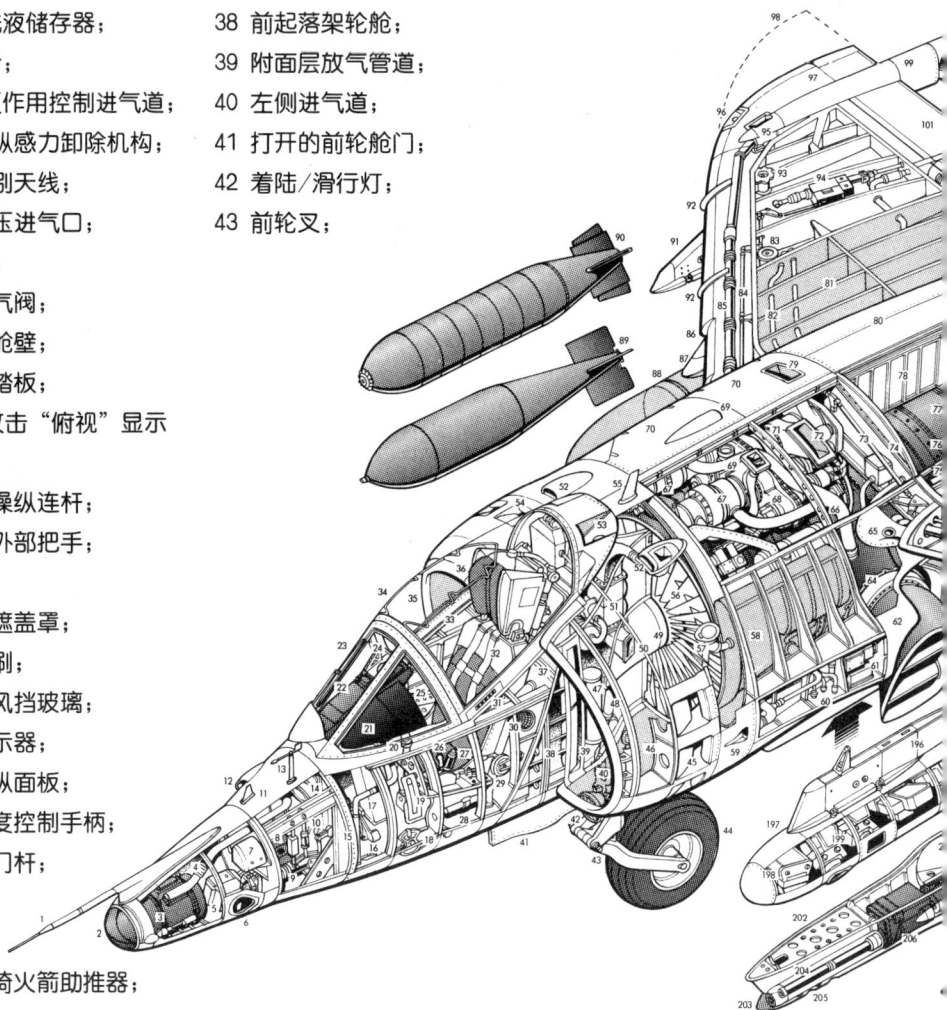

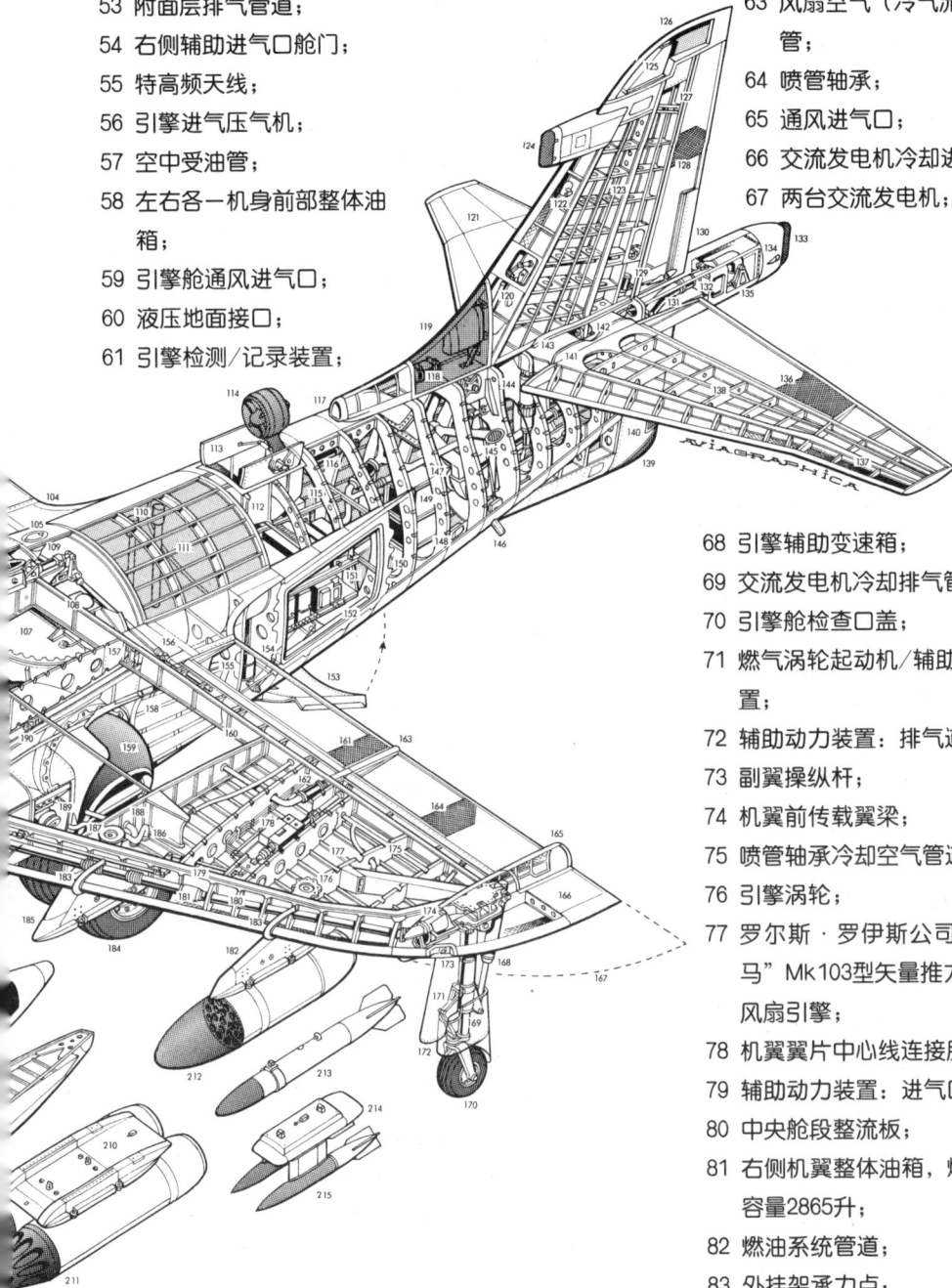

52 空调系统冲压进气口；

53 附面层排气管道；

54 右侧辅助进气口舱门；

55 特高频天线；

56 引擎进气压气机；

57 空中受油管；

58 左右各一机身前部整体油箱；

59 引擎舱通风进气口；

60 液压地面接口；

61 引擎检测／记录装置；

62 前喷管整流罩；

63 风扇空气（冷气流）旋转喷管；

64 喷管轴承；

65 通风进气口；

66 交流发电机冷却进气道；

67 两台交流发电机；

68 引擎辅助变速箱；

69 交流发电机冷却排气管；

70 引擎舱检查口盖；

71 燃气涡轮起动机／辅助动力装置；

72 辅助动力装置：排气道；

73 副翼操纵杆；

74 机翼前传载翼梁；

75 喷管轴承冷却空气管道；

76 引擎涡轮；

77 罗尔斯·罗伊斯公司"飞马"Mk103型矢量推力涡轮风扇引擎；

78 机翼翼片中心线连接肋；

79 辅助动力装置：进气口；

80 中央舱段整流板；

81 右侧机翼整体油箱，燃油总容量2865升；

82 燃油系统管道；

83 外挂架承力点；

84 副翼操纵杆；

85 反作用控制空气管；

86 前缘犬齿构造；

87 右内侧外挂架；

88 可投弃的战斗油箱，容量为454升；

89 454千克高爆炸弹；

90 BL775型272千克集束炸弹；

91 右外侧外挂架；

92 翼刀；

93 外侧挂架承力点；

94 液压动力操纵装置；

95 滚轮操纵反作用进气阀；

96 右侧航行灯；

97 翼尖整流罩；

98 转场飞行用大翼展翼尖剖面；

99 右侧机翼下起落架支架整流罩；

100 机轮，收起位置；

101 右侧副翼；

102 燃油排出管；

103 右侧简单襟翼；

104 后缘根部整流罩；

105 含水甲醇加注口盖；

106 防撞灯；

107 含水甲醇喷射箱；

108 灭火器瓶；

109 襟翼液压动作筒；

110 燃油容量传感器；

111 后机身整体油箱；

112 冲压空气涡轮架；

113 涡轮舱门；

114 冲压空气涡轮（伸出位置）；

115 后机身构架；

116 冲压空气涡轮动作筒；

117 冷却空气冲压进气口；

118 高频调谐器；

119 高频槽状天线；

120 方向舵操纵连杆；

121 右侧全动式水平尾翼；

122 温度传感器；

123 垂直尾翼；

124 前视雷达告警接收机；

125 甚高频天线；

126 垂直尾翼翼尖天线整流罩；

127 方向舵上方铰链；

128 蜂窝式方向舵结构；

129 方向舵配平动作筒；

130 方向舵调整片；

131 尾部反作用控制进气道；

132 偏航控制口；

133 后部雷达告警接收机；

134 后部航行灯；

135 俯仰反作用控制阀；

136 水平尾翼蜂窝式后缘；

137 延伸的水平尾翼翼尖；

138 水平尾翼；

139 尾部缓冲器；

140 敌我识别槽状天线；

141 水平尾翼密封板；

142 垂直尾翼翼梁固定点；

143 水平尾翼中央段/传载段；

144 全动式水平尾翼动作筒；

145 冲压排气道；

146 特高频备用天线；

147 空调装置设备；

148 地面电源接口；

149 两组电池；

150 机腹设备舱检查口盖；

151 无线电和电子设备架；

152 电子设备舱检查口盖；

153 机腹减速板；

154 减速板液压动作筒；

155 氮气密封瓶；

156 襟翼扭矩传动轴；

157 后翼梁／机身固定点；

158 喷管防爆屏蔽；

159 后（热气流）旋转排气喷嘴；

160 机翼后翼梁；

161 左侧襟翼蜂窝式结构；

162 燃油放泄阀；

163 燃油放出管；

164 副翼蜂窝式结构；

165 翼下起落架整流罩；

166 翼尖整流罩；

167 转场飞行用延伸翼展翼尖剖面；

168 液压收放动作筒；

169 减震支柱；

170 左侧翼下机轮；

171 扭矩式剪形连杆；

172 翼下起落架支柱整流罩；

173 左侧航行灯；

174 滚转操纵反作用控制阀；

175 翼肋；

176 外侧外挂点；

177 机械加工的机翼蒙皮／纵桁板；

178 副翼动力控制装置；

179 前翼梁；

180 前缘前肋；

181 反作用操纵进气道；

182 左外侧外挂架；

183 前缘翼刀；

184 双主轮；

185 左内侧外挂架；

186 与挂架接通的燃油和空气接头；

187 内侧外挂梁挂点；

188 左侧机翼油箱末端肋；

189 压力加油接头；

190 机翼底部蒙皮板／机身固定点；

191 液压系统1号蓄液器（12号在右侧）；

192 中央机身整体油箱，左右各一；

193 喷管整流罩；

194 前缘犬齿构造；

195 缓冲器的增大边条（适合替代航炮吊舱）；

196 机身中心线外挂架；

197 侦察吊舱；

198 前部F.135照相机；

199 左F.95Mk7倾斜照相机；

200 右F.95Mk7倾斜照相机；

201 信号数据变换器（SDC）；

202 航炮吊舱；

203 易碎整流罩；

204 炮管；

205 炮口的消焰器；

206 "阿登"30毫米旋转式航炮；

207 输弹道（供弹槽）；

208 连杆退弹道；

209 弹仓，130发炮弹；

210 中心线双外挂架；

211 马特拉155型火箭发射器，18枚68毫米火箭；

212 马特拉116M型火箭发射器，19枚68毫米火箭；

213 "天兔座"闪光弹；

214 双轻型外挂架；

215 13千克教练弹。

"海鹞" FRS.Mk 1战机

英国"海鹞"战机由英国皇家空军的"鹞"式近战支援和侦察飞机发展而来。"鹞"式近战支援和侦察机是世界上首批也是当时唯一可以短距离起飞和垂直着陆的战机。

1964年，工党政府取消了超音速垂直起降 P.1154RN 机型计划，取而代之的是购买了 F-4K "鬼怪"式战斗机，皇家海军似乎倾向于传统形式的航空母舰。然而，在1978年年底，"鬼怪"式战斗机和航母被三艘"鹞"式载舰（"无畏"级贯通甲板巡洋舰）以及临时的改装航母（英国皇家"竞技神"号航空母舰）所取代，均不适用于传统形式的固定翼飞机。唯一适合的机型就是"鹞"式战机，适用于海军舰艇空中防卫。

海军型号的"鹞"式同皇家空军

上图：英国BAE系统公司制造的"海鹞"战机上部表面为深灰色，腹部为白色，涂有各种彩色斑纹加入皇家海军航空兵服役。在前往南大西洋的路上，这些战斗机的机身上重新涂上了更深的灰色油漆。

美国国内"鬼怪"的变型

F-4A：美国海军和美国海军陆战队装备的原机变型机。

F-4B：海军和海军陆战队用的基本型全天候战斗机。

RF-4B：F-4B的战术侦察机型。

F-4C：由F-4B型改进的空军用战术战斗机，优化了着陆系统。

RF-4C：F-4C战术侦察机型，带有内置加农炮和雷达系统，并在机头上配置了相机。

F-4D：F-4C的改进型，武装系统改进后装备美国空军（USAF）和美国海军陆战队（USMC）。

F-4E：经过大量改进的F-4D，带有内置M61A1管炮并装置了改进的雷达天线屏蔽器、驾驶舱，以及先进的活动辅翼和有槽的垂直安定翼。

RF-4E：F-4E战术侦察机型，带有内置加农炮和雷达系统，并在机头上重新配置了相机。

F-4G：F-4E的敌方空防抑制（SEAD）型号，带有重新装置的大量的航空电子设备和敌方空防抑制（SEAD）武器，例如AGM-88的高速反辐射导弹（HARM）。

F-4J：F-4B的改进型战机，安装了新的雷达、J-79发动机，去掉了原F-4B战机上的红外探测器。

F-4N：F-4B的改进型战机，加装了F-4J的有槽安定翼和内侧前缘缝翼。

F-4S：改进的F-4B型战机，安装了先进的雷达和无烟J-79发动机，也安装了前缘缝翼。

QF-4B/E/G/N：退役的飞机被改装成无人驾驶靶机。

上图：F-4"鬼怪"II是有史以来生产最多和最受人喜爱的喷气式战斗机之一。总共制造了5195架"鬼怪"战斗机。

ROYAL NAVY

XD609

"海鹞"FRS.Mk 1战机技术参数

机型： 舰载单座短距离起飞和垂直着陆战斗机，侦察和打击/攻击战斗机

动力系统： 1台罗尔斯·罗伊斯"天马"Mk 104矢量推进涡轮风扇发动机，推力96千牛

性能： 低海拔最大飞速超过1185千米/时；爬升速率约15240米/分；实用升限15545米；执行高空拦截任务时作战半径可达750千米

重量： 空机重量6374千克，最大起飞重量11884千克

尺寸： 翼展7.7米；机身长14.5米；机高3.71米；机翼面积18.68平方米

武器装备： 短距离起飞最大装载3629千克弹药或垂直起飞正常装载2268千克弹药

下图："FRS"的命名反映了"海鹞"战机拥有三种作战能力，可以担当舰队防御战斗机、侦察平台和打击/攻击飞机。这架"海鹞"FRS.Mk 1型战斗机标有舰队航空兵第801中队指挥官的标记。马尔维纳斯群岛战争结束后，"海鹞"战机的外挂吊架上增设了双排AIM-9型导弹的双挂架。

版本所不同的是具有雷达以及提高了25厘米的驾驶舱地板，改善了驾驶员的视野。与霍克·西德利（Hawker Siddeley）P.1184"海鹞"相关的研发问题并不多，自从1963年P.1127（XP831）测试机降落在英国"皇家方舟"号上之后的10年时间里，"鹞"式战机已经在8个舰队17艘飞机或者直升机载舰上起降。为了适应空气中盐分很大的环境，机身和发动机中的镁金属部分被替换，后者替换为单位推力仍是96.75千牛级别的"飞马"Mk 104发动机。

在海军中的角色

海军的"海鹞"FRS.Mk1战斗机主要执行作战、侦察以及攻击任务。作为

战斗机，该机型主要应对中等巡航高度的苏联远程轰炸机以及可发射第一代巡航导弹的小型战斗机，以保护海军舰队。针对该目的，研发了来自Sea Spray单位安装于"山猫"HAS.2海军直升机上的Ferranti"蓝狐"脉冲调制I波段雷达。该雷达提供了针对空中和地面目标的搜索攻击模式，可以将武器瞄准数据以及目标命中范围数据提供到平视显示器中。可以安装一对30毫米ADEN机关炮，主要的空对空武器是Bodenseewerke生产的AIM-9L"响尾蛇"导弹，安装在机翼外部的基座上。在马尔维纳斯群岛海战时匆忙研发了一款双轨道武器发射架，之后于1982年8月马上投入服役。

通过安装在机头的F95空中倾斜照相机可以执行照相侦察任务，最主要的任务是针对地方舰艇进行雷达定位。安装在机头右侧的F95照相机只能在白天使用，快门速度达到1/3000秒。

攻击类型包括对英国WE177核武器轻型版本（272千克）的上仰投弹。但是传统的武器设备在"海鹞"的武器

左图：所示"海鹞"在"竞技神"号航空母舰上进行测试，该机服役于第700A飞行编队，该编队专门用来进行"海鹞"战机的相关飞行测试以投入前线服役。其他的测试飞机隶属于敦斯福德和驻扎在博斯库姆的航空与飞机实验研究所。

上图：1978年8月20日，带有铬黄色喷涂和少量必需设备的XZ450验证机在敦斯福德低调地进行了"海鹞"战机的首次试飞。该飞机实际上是建造的第四架验证机。

库中也占有重要的地位。载重907千克的机翼下部内侧基座可以挂载467千克的自由落地炸弹以及508千克的再启动炸弹，或者重量601千克射程110千米的BAE"海鹰"地面瞄准反潜导弹。此处也可安装副油箱。1982年8月，原先的455升副油箱容量升级到864升。转场时，可以使用容量1364升的油箱，但是安装该油箱后襟翼就无法放下。另外还可以安装36发的51毫米口径火箭弹发射器以及3千克和14千克的CBLS 100炸弹发射器。

"鹞"式的航电系统更改包括用与Decca 72"海豚"相关联的费兰迪（Ferranti）姿态基准航向系统取代了FE541惯性导航系统（INS），后者无法应用在移动平台中。新系统在飞机飞行50分钟后的标准误差为2.8千米。史密斯工业公司提供了与武器瞄准计算机联接的新式平视显示器、雷达高度计，以及可以减轻驾驶员工作负担的新式自动驾驶仪。两部15-KVA交流发电机满足了相关需求，雷达监视接收机采用了ARI.18223的升级版本。1982年4月安装了内置Tracor AN/ALE-40 chaff/flare分配器。

生产计划

1972年，霍克·西德利（Hawker Siddeley）公司接到了关于"海鹞"战

本图：一架英国皇家空军的双色调绿色涂装的"海鹞"战机掠过英国乡村的上空。战争期间，"海鹞"可以在很低的高度转向以躲避敌军的威胁。

机的研发合同，第二年费兰迪公司接到了进一步的雷达研发合同。1975年，关于包括3架用于研发测试工作的预生产机型在内的24架飞机订单合同宣布生效，之后该合同又补充了一架由海军出资生产的"鹞"式T.Mk4A机型，但是最终交付到皇家空军作为对海军飞行员进行培训的酬劳。之后的订单使得订购数量达到57架单座机型、4架训练机。最后的3架海军改型T.Mk4N装备有"海鹞"航电系统以及设备管理系统，Pegasus 104发动机，合理的颜色喷涂，但是没有安装雷达（尽管有一个黑色的机头前锥）。"海鹞"战机机翼很小，只需要一个可折叠的机头来利用"无畏"级驱逐舰的甲板，但是T.Mk4N并不可折叠。

在三架预生产机型之前的"海鹞"（XZ450）于1978年8月20日在敦斯福德首飞，1978年12月15日，FAA的两支"海盗"和"鬼怪"式战斗机中队解散，直到1979年6月18日"海鹞"XZ451交付到约维尔顿，作为固定翼前线作战飞机。除了一支短暂的测试中队，一共组建了四支皇家海军编队用以操作"海鹞"战机：800NAS以及801NAS用于舰载部署，899NAS驻扎在岸基指挥部并进行测试训练。809NAS在马尔维纳斯群岛海战中成立，战争结束后便解散。

服役、参战

1981年6月，英国皇家海军第800飞行中队和第801飞行中队部署到英国皇家海军"竞技神"号航空母舰上。这两个固定翼飞行中队参加了马尔维纳斯群岛战争，其间，"海鹞"战机名噪一时。美制AIM-9L"响尾蛇"短程空对空导弹发挥了重要作用。在22次已证实的胜利中，"海鹞"战机只损失了6架，失事原因并不是参加空战。

航空母舰上的滑行弹跳甲板是位于航空母舰舰首的一段斜坡，它对"海鹞"战机的起飞作出了重要贡献。继南大西洋战役后，英国海军订购了14架"海鹞"FRS.Mk 1战机，取代磨损的战斗机。1984年，他们又订购了至少9架单座"海鹞"FRS.Mk 1战机和3架"鹞"式T.Mk 4（N）训练机。

1979年，印度海军订购了23架"海鹞"FRS.Mk 51战斗机中的首架以及6架"鹞"式T.Mk60战斗机，成为唯一进口该型战斗机的国家。保存下来的战斗机直到现在还在继续服役。

马尔维纳斯群岛战争

1982年4月2日，阿根廷入侵部队在大西洋南部英国控制的马尔维纳斯群岛登陆。阿根廷一直声称马尔维纳斯群岛是其领土。英国驻守该岛的一个海军陆战队连经过短暂抵抗之后投降，阿军占领了该岛及南乔治亚岛。尽管英国政府当时在大幅度裁军，但还是立即采取行动，组建特遣部队重新夺回该岛。

特遣舰队

英国皇家海军特遣部队舰只，包括"赫尔姆斯"号和"无敌"号准备出发时，部署在大西洋中部阿森松岛上的霍克·西德利公司"猎迷"海上巡逻机开展大规模侦察飞行，尽可能为即将开始的作战行动搜集大量信息。阿森松岛又迎来一批5架"火神"轰炸机，这种巨大的三角翼飞机最初是作为一种投掷核弹的轰炸机进行设计的。在马尔维纳斯群岛上，它担负常规作战任务，远距离飞往岛上主要的市镇斯坦利，轰炸机场和攻击防空阵地。

阿根廷在斯坦利机场部署了阿根廷军用飞机公司的IA58"普卡拉"对地攻击机，以及各式直升机。在"黑公鹿"行动第一场任务中，1架"火神"轰炸机从阿森松岛起飞，沿着航线接受汉德利·佩奇公司的"胜利者"加油机加油后，飞往斯坦利上空，以对角模式越过跑道，投下21枚炸弹。轰炸效果甚微。只有一枚炸弹真正击中跑道，被阿根廷人轻易修复。不过，这证实英国皇家空军有能力攻击阿根廷本土的目标。阿根廷随后决定不在马尔维纳斯群岛上部署战斗机中队，而偏向于将其部署在本土用于本土防御。

5月1日，就在开展"黑公鹿"行动第一次任务的当天，英国特混舰队驶到离马尔维纳斯群岛很近足以起飞"猎迷"战斗机的海域，攻击达尔文港、古斯格林和史丹利的目标。阿根廷反应迅速，组织空军反击，可惜4架飞机在上空被执行空中作战巡逻的英国特遣部队海军航空兵的"海鹞"战斗机击落。

5月4日，阿根廷空军2架达索公司"超级军旗"飞机，携带新式"飞鱼"反舰导弹，以超低空飞行抵近英国驱逐舰水面线附近，英舰"谢菲尔德"号被命中并最终沉没。阿根廷飞行员采用低空飞行战术，利用崎岖的海岸线使飞行剖面尽可能降低，从而不被雷达发现。5月21日，英国海军陆战队和伞兵分队在圣卡鲁斯水域实施两栖登陆。这是马尔维纳斯群岛西海岸上一处隐蔽的小海湾。部队驾驶登陆艇登陆时，西科斯基公司的"海王"、韦斯特兰公司的"威塞克斯"为其提供支援，韦斯特兰公司的小型"斯科特"直升机为部队运送补给。

低空飞行战术

英国特遣部队在圣卡鲁斯水域抛锚，成为阿根廷空军飞行员的理想攻击目标。阿军

飞行员驾驶以色列航空工业公司（IAI）的"短剑"和A-4"天鹰"飞机向皇家海军舰只发射标准钢弹。尽管"海鸥"飞机24小时执行空中作战巡逻任务，但是英国空军许多战斗机还是命中了目标。在整个战役中，"海鹞"战斗机的护航巡逻超过1000架次，该型机还装备了AIM-9"响尾蛇"空对空导弹，据称击落了许多阿根廷飞行员。

尽管如此，阿根廷有很多战斗机突破拦截线。5月21日，英海军"热心"号被不少于9枚炸弹击中，其中3枚在舰只后方的直升机甲板爆炸，遭到重创。该舰试图航行至圣卡鲁斯水域，但又遭受攻击，此次攻击并未被记录。但是该舰已经遭到毁坏，到夜间燃起熊熊大火，于次日沉没。同样的命运于5月23日降临到"羚羊"号。该舰被2颗延时引爆炸弹击中并沉没，不过艇上人员伤亡较少。

6月13日23时59分，阿根廷正式签署投降书，英国重新控制马尔维纳斯群岛。整个战役期间，英国人员伤亡不大，但是舰队的防空被证实极易受低空飞行的阿根廷飞行员的共同攻击。

马尔维纳斯群岛战争 1982年4月2日至6月15日

1　5月21日，英国 "热心"号护卫舰被4架A-4"天鹰"战斗机攻击，中了9枚炸弹。3枚在直升机甲板爆炸。

2　受损后，"热心"号试图航行到圣卡洛斯水域。但它再次被攻击，这次攻击没有记录。舰上着火并失去控制，第二天它在格兰瑟姆桑德沉没。

3　5月23日，守卫圣卡洛斯水域入口的"羚羊"号护卫舰遭到A-4战斗机的攻击。两枚延迟的炸弹将其炸成两半。大火持续一整夜，第二日清晨该舰被丢弃。

4　英国皇家海军的海上"鹞"式战机几乎不间断地进行空中巡逻，击落了大量的阿根廷战斗机。

右图：马尔维纳斯群岛战争表明，水面舰船面对执着的空中袭击是非常脆弱的，尤其是像"飞鱼"反舰导弹这样的掠海飞行的导弹。

上图：马尔维纳斯群岛战争期间，一架英国皇家海军的海上"鹞"式战机正降落在"竞技神"号航空母舰上。前方的甲板上是一架英国皇家空军的GR.3"鹞"式战机，它为海上"鹞"式战机提供地面支援任务，使其可以放心地执行空中巡逻任务。

"海鸥"FRS.Mk1
主要部件剖面图
1 空速管；
2 雷达罩；
3 法兰蒂"蓝雌狐"雷达天线；
4 雷达设备模块；
5 雷达罩铰接装置；
6 俯仰控制反作用力空气阀；
7 俯仰感应平衡控制机械装置；
8 方向舵踏板；
9 倾斜照相机；
10 惯性平台；
11 敌我识别天线；
12 驾驶舱冲压式进气口；
13 风标式侧航传感器；
14 加压溢出阀；
15 风挡雨刷；
16 抬头显示器；
17 仪表板遮盖罩；
18 控制杆和连接器；
19 多普勒天线；
20 "塔康"天线；
21 特高频天线；
22 前起落架轮舱；
23 雷达手动控制器；

24 减速板和喷嘴角度控制手柄；
25 马丁-贝克Mk10H型0—0弹射座椅；
26 微型起爆索式驾驶舱盖爆破装置；
27 附面层溢出管；
28 驾驶舱空调；
29 前起落架液压回收动作筒；
30 液压蓄力器；
31 附面层放气管；
32 引擎进气道；
33 进气道吸开式进气门；
34 前机身侧燃油箱；

35 液压系统地面连接口；
36 引擎监控和记录设备；
37 引擎滑油箱；
38 罗尔斯·罗伊斯"飞马"
   Mk104型涡轮风扇引擎；

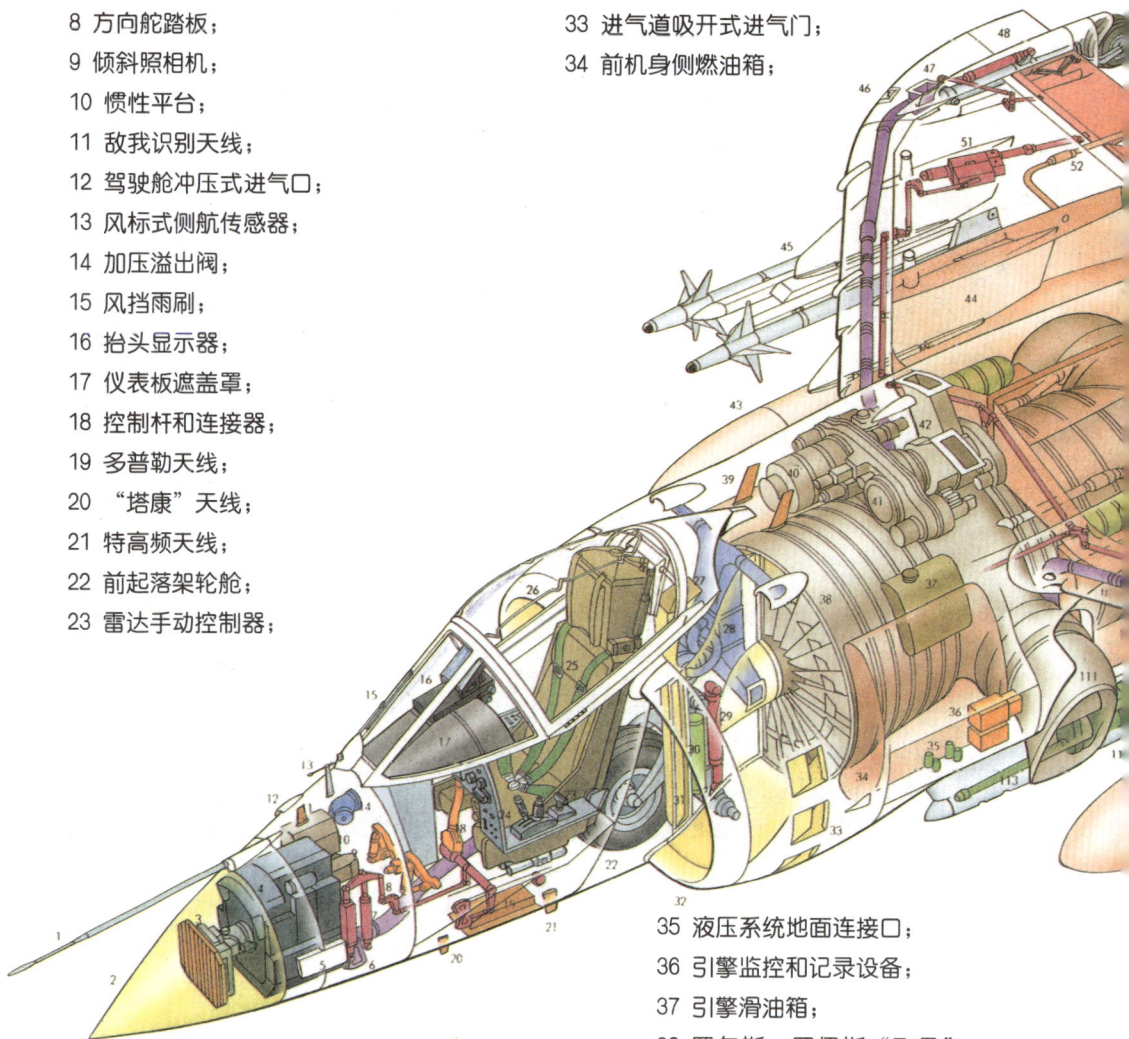

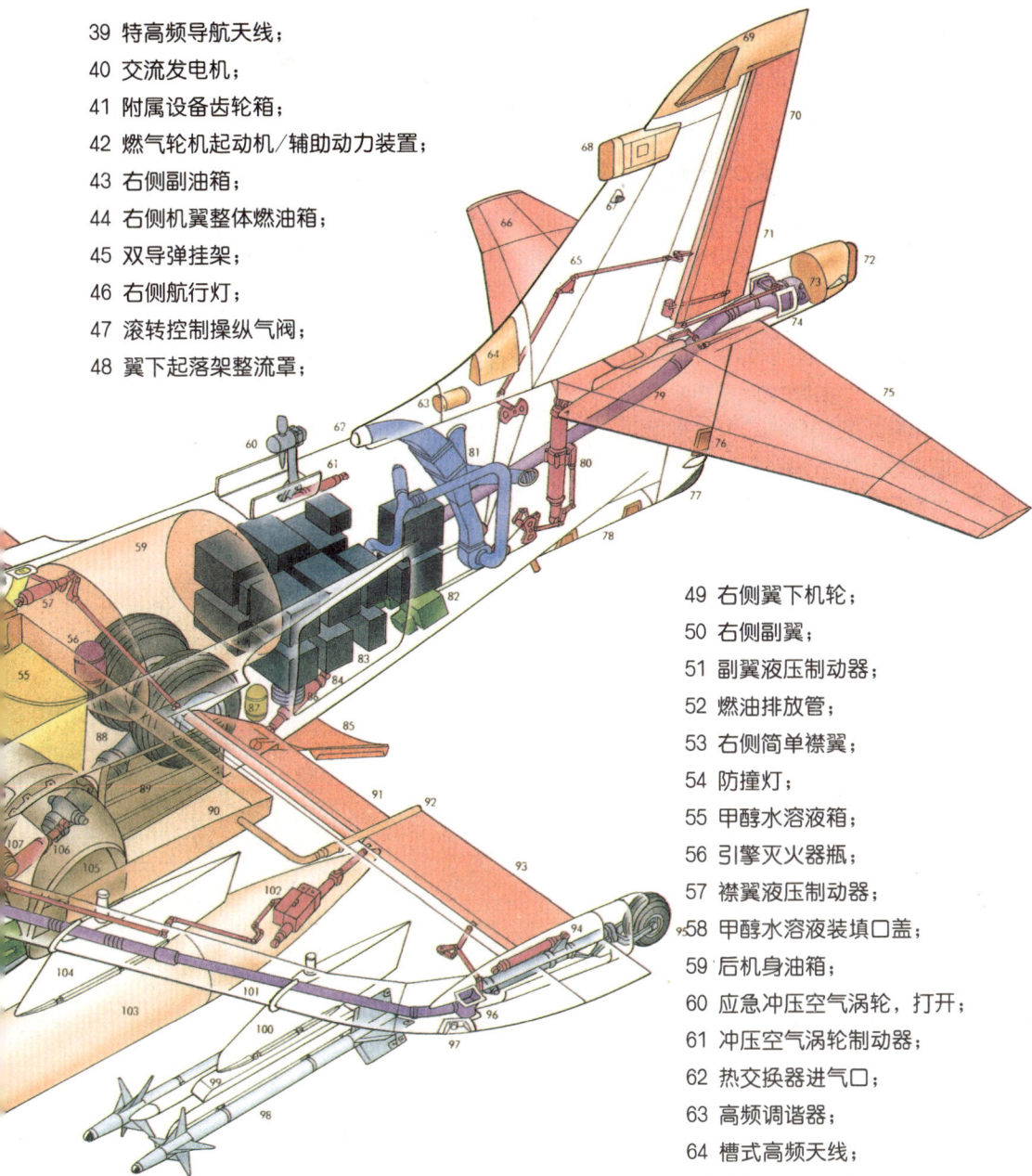

39 特高频导航天线；

40 交流发电机；

41 附属设备齿轮箱；

42 燃气轮机起动机/辅助动力装置；

43 右侧副油箱；

44 右侧机翼整体燃油箱；

45 双导弹挂架；

46 右侧航行灯；

47 滚转控制操纵气阀；

48 翼下起落架整流罩；

49 右侧翼下机轮；

50 右侧副翼；

51 副翼液压制动器；

52 燃油排放管；

53 右侧简单襟翼；

54 防撞灯；

55 甲醇水溶液箱；

56 引擎灭火器瓶；

57 襟翼液压制动器；

58 甲醇水溶液装填口盖；

59 后机身油箱；

60 应急冲压空气涡轮，打开；

61 冲压空气涡轮制动器；

62 热交换器进气口；

63 高频调谐器；

64 槽式高频天线；

65 方向舵控制连杆；

66 右侧全动水平尾翼；

67 温度探测器；

68 前向雷达告警天线；

69 甚高频天线；

70 方向舵；

71 方向舵调整片；

72 后方向舵告警天线；

73 机尾俯仰控制反作用力空气阀；

74 方向控制反作用力空气阀；

75 左侧全动水平尾翼；

76 槽式敌我识别天线；

77 机尾缓冲器；

78 雷达高度计天线；

79 反作用力控制进气口；

80 水平尾翼液压制动器；

81 后设备舱空调设备；

82 金属箔条/闪光弹释放装置；

83 航空电子设备舱；

84 减速板液压动作筒；

85 机腹减速板；

86 液氧换能器；

87 液压系统氮气增压瓶；

88 主起落架舱；

89 喷口防爆屏蔽；

90 左侧机翼整体燃油箱；

91 左侧简单襟翼；

92 燃油排放装置；

93 左侧副翼；

94 翼下起落架液压收放动作筒；

95 左侧翼下起落架；

96 滚转控制操纵气阀；

97 左侧航行灯；

98 AIM-9L型"响尾蛇"空对空导弹；

99 双导弹挂载发射器；

100 机翼外侧外挂架；

101 反作用控制空气喷嘴；

102 左侧副翼液压制动器；

103 副油箱；

104 机翼内侧外挂架；

105 后（热气流）旋转喷嘴；

106 主起落架液压回收动作筒；

107 压力加油口；

108 喷口轴承冷却进气管；

109 液压系统储液器；

110 中部机身整体燃油箱；

111 风扇空气（冷气流）旋转喷嘴；

112 弹仓；

113 "阿登"30毫米航炮；

114 机腹航炮吊舱，左右侧。

右页图：XZ451是"海鹞"的第二架原型机，在第三架测试机之前出厂。当时30毫米口径的ADEN机关炮还没有进行安装。增加了腹部的边条翼来保证其空气动力特性。在盘旋时保证了空气的循环利用。

本页图：FRS.Mk1战斗机在尾翼上喷涂有交叉的双剑和三叉戟，采用了在马尔维纳斯群岛海战中使用的灰色喷涂。

"海鹞" FA.Mk 2 战机

在保留"海鹞"战机的拦截能力、侦察和打击/攻击能力的同时，BAE 系统公司对机身作了一些重要更改。该公司于 1985 年 1 月收到一份合同，要求对"海鹞"战机进行技术设计，到 1994 年 5 月将 2 架"海鹞"FRS Mk1 战斗机改装成标准的"海鹞"FRS Mk2 战斗机，改装成"海鹞"F/A.Mk 2 战斗机之后，再于 1995 年改装成 FA.Mk 2 战机。

据报道，1984 年英国国防部打算跟 BAE 公司和弗兰尼蒂公司签订一份合同，对全部"海鹞"战机进行中期升级。但这一计划在 1985 年发生变化，只对 30 架飞机进行了升级，包括安装"蓝雌狐"雷达，改进雷达警报接收机和联合战术合成显示系统，安装了

下图："海鹞"FA.Mk2战斗机极大地提升了战斗机的作战性能。

上图：英国皇家海军"海鹞"FA.Mk 2型飞机计划提前退役，这种多用途型飞机安装有强大的"蓝雌狐"雷达，可携载4枚AIM-120型导弹。计划在2012—2015年服役的"常胜"级航空母舰将上载F-35型固定翼飞机。

AIM-120陆基先进中程空空导弹。BAE公司最初还提议在翼尖安装"响尾蛇"导弹挂架。这些附加设备，连同几个空气动力设备，最终都从方案中删除了，但弯曲的机翼前缘和机翼围栏保留下来。

改装的两架原型机中的首架于1988年9月19日试飞。尽管增加了一个额外的设备分隔舱和一个等高机鼻来安装"蓝雌狐"雷达，但由于"海鹞"FA.Mk 2战机比未改装的战斗机少了一根机首空速管，因此总体机身尺寸还是减小了。

附加设备

虽然翼展可增加到9.04米，但不需要增加翼展就可以携带附加设备，例如一对864升的副油箱以及每个外挂吊架携带的AIM-120导弹（或预警反雷达导弹）。"海鹞"FA.Mk 2 战机的驾驶员座舱安装了一种新型、多功能战斗准备训练显示器和 HOTAS 控制设备，以减少驾驶员的工作负荷。它以"飞马"Mk 106 涡轮风扇发动机为动力系统，是 AV-8B 攻击机的 Mk 105 发动机的海军版本，材料不含镁。

1988 年 12 月 7 日的一份合同要求将 31 架"海鹞"FRS.Mk 1 战机改装成标准的 Mk 2 战斗机。1990 年 3 月 6 日，英国国防部表示打算购买至少 10 架新型"海鹞"FRS.Mk 2 战斗机，这是因为，此前的飞机磨损使英国皇家海军的"海鹞"战机减至 39 架。1994 年 1 月，这项计划付诸实践，订购了 18 架"海鹞"FRS.Mk 2 战斗机和额外的 8 架改进型战斗机，使得"海鹞"FA.Mk 2 战机总数达到 57 架。

为了提高驾驶员的转型训练技能，英国制造了一种新型双座"鹞"式 T.Mk 8 教练机。从 1996 年起，有 4 架该型教练机陆续补充到现存的 3 架"鹞"式 T.Mk 4N 教练机队伍中来。事实上除雷达外，经过改装的"鹞"式 T.Mk 4N 和 T.Mk 8 教练机，其他设备都效仿了"海鹞"FA.Mk 2 战机。

下图："海鹞"FA.Mk 2 成为美国境外首个装备 AIM-120 AMRAAM 导弹的机型。阿姆拉姆导弹装有超级"蓝雌狐"雷达，使得第二代"海鹞"成为超视距作战战斗机。

"海鹞" FA.Mk 2技术参数

机型：舰载单座短距离起飞和垂直着陆战斗机和攻击机

动力系统：1台罗尔斯·罗伊斯"天马"Mk 106矢量推进涡轮风扇发动机，推力96千牛

性能：海平面最大平飞速度1144千米/时；最初爬升率约15240米/分；实用升限15545米；高空拦截任务作战半径750千米

重量：空机重量6374千克；最大起飞重量11884千克

尺寸：翼展7.7米；机长14.17米；机高3.71米；机翼面积18.68平方米

武器装备：短距离起飞最大携带3629千克弹药，或垂直起飞正常携带2268千克弹药

下图：一架装备有"响尾蛇"导弹、油箱和机关炮的"海鹞"FA.Mk2在甲板上方准备降落。加油管一般用来转场飞行时通过皇家空军的加油机进行空中加油。

"蓝雌狐"雷达

FA.Mk 2战机的主要升级措施是采用了通用电气-马可尼公司生产的"蓝狐"轻型多模式雷达，可以在海上或者陆地上提供全方位的观察／射击探测能力。设计时考虑了与AMRAAM导弹的兼容特性，因此"蓝雌狐"雷达可以使"海鹞"战机连续发射所有的4枚导弹。该雷达使用I波段，并采用多种脉冲重复频率，提供了多种空对空及空对地模式，后者支持海上搜寻任务。

驾驶舱

FA.Mk 2尽管保留了FRS.Mk 1的平视显示器（HUD），但是重新设计之后可以兼容两块MFD俯视显示器。所有重要的操作输入都可以通过手不离杆（HOTAS）操纵系统或者UFC前向控制系统来完成。开始时设计安装JTIDS数据一体化系统，后来被取消，之后又再次启用。

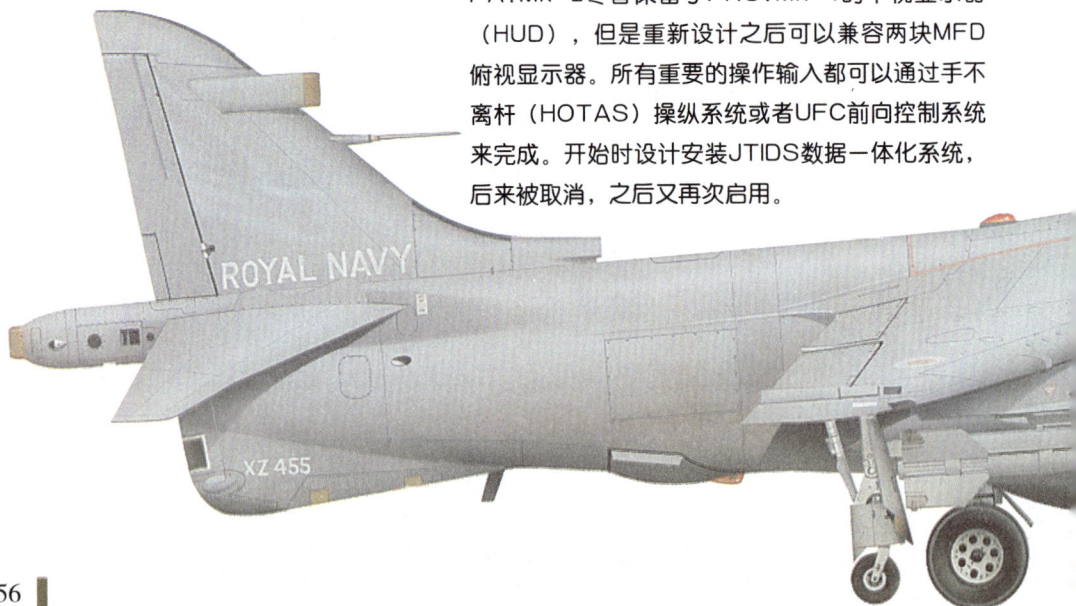

ROYAL NAVY

XZ 455

导弹武器

"海鹞"FA.Mk2战斗机的标准空对空武器系统包括挂载在机翼和机身下部的4枚AIM-120 AMRAAM导弹（之后被ADEN机关炮所取代）。机身配置中，AIM-120导弹使用LAU-106/A发射器，其他安装在机翼下部的导弹采用Frazer-Nash通用发射器。机翼下的AMRAAM导弹可以替换成最多4枚使用LAU-7发射器的AIM-9"响尾蛇"导弹。另外还可以选择挂载ALARM抗辐射导弹。

后机身

在"海鹞"FA.Mk2战斗机机翼后缘增加了额外的0.35米的堵头，提高了航电设备的内置能力。

空对地武器

相对FRS.Mk1战斗机而言，FA.Mk2战斗机多执行空中防卫任务，可以携带CRV-7火箭炮，454千克的炸弹，Lepus照明弹，如果需要，还可以装载其他空对地武器。

防卫系统

通用电气-马可尼公司的"天空守卫"200雷达报警接收机使FA.Mk 2得到充分的保护，该系统可以在驾驶舱内提供威胁提示阵列。手动的应对措施可以通过ALE-40chaff/flare 分离器发射。

左图：冷战结束后，"鹞"的主要任务是配合航母作战。图中是英国航空母舰上的英国皇家空军和皇家海军的"鹞"联合部队。

与其他西方战术飞机有所不同，AV-8B的箔条/红外曳光弹发射器位于机身后部冲压空气进气口的上方。

右图：重量增加和稳定性变化将ＦＡ．Ｍｋ 2"鹞"式战斗机推向其安全操纵的绝对极限，但它也是第一种携带先进中程空对空导弹的英国飞机（在此后许多年中也是唯一的）。蓝狐雷达是英国第一种实际使用数十年的多模式雷达，它的继任者装备在"台风"和"鹰狮"战斗机上。

翼根前缘边条（LERX）可以提高角速度，增强"鹞"的空战敏捷性，机身下方和机炮吊舱上安装了纵向围栏（LIDS，增升装置），有助于垂直起降时利用地面反射的气流，产生更大的气垫，减少高温气体的往复循环。

这架编号ZG476的飞机是第4中队的"鹞"GR.Mk.7。第4中队是装备"鹞"GR.7的两个中队之一，基地位于德国高特斯洛。1999年该中队轮换到英国科斯特莫尔。

AV-8B安装一门通用电气GAU-12A"均衡器"5管"加特林"式机炮，位于机身下方吊舱，标准备弹300发。但是GR.7机身下安装的是两门英国皇家兵工厂生产的25毫米"阿登"机炮。

AV-8A "鹞" 式战机

根据英国霍克·西德利航空公司的 "鹞" 式战机的设计，美国海军陆战队发展出了自己的 "鹞" AV-8A 型（单座）和 "鹞" TAV-8A 型战机（双座），由于政治原因由麦道公司生产。该型战机装备的是 "飞马" Mk 103型发动机，虽然它们比英国皇家空军的 "鹞" GR.Mk3型战机少安装了几套导航/攻击系统，但携带了用于空中格斗的AIM-9 "响尾蛇" 导弹。在空中格斗中，美国海军陆战队的飞行员们发掘出了 "鹞" 式战机指令系统的一个非常有用的用途，这就是众所周知的 "前飞引导"，它在空战中利用推力为 "鹞" 式战机提供了其他战机无法媲美的空前的机动能力。美国海军陆战队有1个训练中队和3个作战中队配备了AV-8型战机。在服役期间，AV-8A后来被改装成AV-8C型，机身和系统都得到了改进。

AV-8C "鹞" 飞机技术参数

机型：单座舰载/陆基短距离垂直起降轻型战斗轰炸机

动力装置：1台推力95.61千牛的罗尔斯·罗伊斯 "飞马" Mk 103型定向推力涡轮风扇发动机

性能：低空最大速度超过1186千米/小时，2分22秒可爬升12190米，实用升限超过15240米，作战半径95千米（垂直起飞且挂载1367千克弹药的情况下）

重量：空重5529千克，最大垂直起飞重量7734千克，最大短距起飞重量10115千克

尺寸：翼展7.7米，机长13.87米，机高3.45米，机翼面积18.68平方米

武器：2门30毫米机炮，外加2404千克的可投放武器

上图：美国海军陆战队第231攻击机中队是海军陆战队第三支同时也是最后一支装备AV-8A型攻击机的中队。1983年，该中队随同"塔拉瓦"号两栖攻击舰在黎巴嫩执行维和行动时才接触实战。

下图：这架AV-8A型飞机隶属于美国海军陆战队第231攻击机中队，它主要从攻击航空母舰起飞，支援地面部队作战。

GR.Mk5型"鹞"式战机

尽管"鹞"式战机已经开始服役，霍克·西德利公司和麦道公司结合英国皇家空军和美国海军陆战队的要求，期望能够做出进一步改进。于是两家厂商联手设计了一种新机体，而罗尔斯·罗伊斯公司则提供了普拉特·惠特尼发动机。当时，美国海军正在市场上寻求一种垂直/短距起降战斗机，但对上述几家公司的设计毫无兴趣。相反，他们在1972年选择购买洛克威尔公司的XFV-12A战斗机，但这个项目由于对海军陆战队毫无意义，最终

下图：麦道公司把一架AV-8B型战机改装成夜间攻击原型机，在机头位置安装了GEC传感器公司的前视红外传感器，与飞行员的夜视镜相连接。

本图：由麦道公司设计的碳纤维材料大机翼提供了更大的升力，增加了内部燃油装载能力，并多出2副挂架。原型机YAV-8B使用了红白蓝三色涂装方案。

被取消了。

1975 年 3 月，英国方面声称缺乏足够的共同基础无法合作，因而从"超级"鹞""项目中退出。6 年后，英方又出资回到了项目中，不过这次是作为次级承包商，而不是以前与美国方面完全对等的合作伙伴。英国订购了 110 架当时称为 AV-8B"鹞"II 的攻击机。

就在英方还在对该项目举棋不定的时候，在美国海军陆战队的积极支持下，麦道公司使"鹞"式战机焕发青春。圣路易斯总部的设计师们没有使用升级发动机来提升"鹞"式战机，

这是一个快速的方法，但也非常昂贵。相反，他们把精力投入到飞机结构和启动改装上，使飞机的载重量和航程翻了一番。飞机使用了全新的、更大的碳纤维超临界机翼，在前部机身和其他地方大面积使用碳纤维材料，采用升力提升装置，极大地增强了飞机性能。同时，驾驶舱升高，内部装配了全新的导航/攻击航空电子设备，提高了驾驶员对周围环境的感知能力。使用同样的发动机，AV-8B 攻击机能够多载 70%的武器和 50%的燃油，维护工时同时也减少了 60%。

下图：1981年11月5日，首架全尺寸开发的AV-8B型战机首飞。该机的进气道进行了重新设计，全新的前部机身使用了碳纤维材料，机头安装了一个长长的测试仪表吊杆。

上图：1985年4月30日，英国皇家空军的首架GR.Mk5型机（编号ZD318）从汉普郡登斯弗尔德升空。1989年11月2日，英国皇家空军"鹞"式战机的主力部队——第1中队宣布接收GR.Mk5型机。

"鹞"II型机的机翼

新机翼装在第 11 架 AV-8A 型机上，于 1978 年 11 月 9 日进行首次试飞。飞机由于缺乏内部改装，后来进行重新设计，命名为 YAV-8B。该机的机翼面积为 21.37 平方米，速度比前任机型稍慢。每副机翼下方均搭载了 3 个武器挂架，外伸架从翼尖移走，使轮轨更短，从而改善飞机的滑行性能。在飞行员看来，最重要的改变就是升高的座椅位置，比原先高出 20 厘米，飞行员也因此获得了更佳的视角。座舱内安装手控油门及操纵杆系统，与前任机型相比，空间更大，更符合人体工程学。

"飞马"发动机

自 1980 年起，罗尔斯·罗伊斯公司和史密斯工业公司为 AV-8B 机型联合开发了全新的 Mk 105 型"飞马"发动机（美国海军陆战队称为"飞马"F402-RR-406A 型）。1982—1987 年，该发动机首先在一架早期的 GR.Mk3 型机上测试。1985 年 4 月 23 日，改进版的发动机安装在英国的首架"鹞"GR.Mk5 型机上。

1979 年 2 月 19 日，美国海军陆战队第二架 YAV-8B 首飞。11 月 15 日，由于发动机起火，飞机失事，驾驶员弹射逃生。除了全新的机翼，美国海军陆战队的两架原型机还安装了 F402-

上图：美国海军陆战队引进了AV-8B "鹞" II战机，其性能强大，远超最初的AV-8A型机。这架AV-8B弹药装载量相对较轻，可携带4枚226千克 "蛇眼" 延迟炸弹和2枚AIM-9 "响尾蛇" 空空导弹。

RR-406A 型发动机，采用加长的前喷管设计。

开发早期，AV-8B 在机翼根部前端安装了翼根前缘边条，改善了飞机的转弯半径，在低空飞行时降低了机翼摇滚程度。其他小幅改动包括7个翼部挂架之中，有4个做了外置油箱悬挂设计。

经过大幅改良的 "鹞" 式战机逐渐赢得了美国海军陆战队的青睐，最终

下了 286 架的初期订单，从 1983 年开始陆续装备一线部队。

英国的GR.Mk5型战机

1975 年，英美双方的 "项目联姻" 告吹之后，英国航宇公司专注于自己的 "鹞" 式战机计划，不打算使用碳纤维技术。然而，多次尝试之后均无所获。后来，英国从美方项目中

获得部分利益（生产40％的AV-8B飞机），英国皇家空军的"鹞"式战机中的50％由英方生产。

GR.Mk5 和 AV-8B 两种机型之间有许多细微的不同之处，因而导致了英方项目的延迟。其中，二者的"飞马"Mk 105 型发动机也调试得稍有不同。座舱内安装了弗朗迪公司的活动地图显示器，还有一套更为复杂的雷达警戒系统（马可尼公司生产）。其他的改动还包括：采用瑞典 Bofors 公司的箔条布撒器，安装在 AIM-9 "眼镜蛇"导弹发射轨后部。这些设备的改变，使得 GR.Mk5 型比它的美国兄弟稍重一些。

"鹞" II 战机的进步使其承担起了更多的使命，在人们的眼中，它不再是一架近距空中支援战机，而是"战场空中封锁机"。

上图：1986年11月21日，TAV-8B型机首次试飞，该机型安装了更高的尾翼和两个武器挂架。阶梯式驾驶舱内安装了全串列双座控制系统。

下图：英国皇家空军定期将战机派遣到挪威进行寒冷气候飞行训练。图中正是训练中的两架雪地迷彩涂装的"海鹞"GR.5战机。

下图及本图：第一代"鹞"在1969年进入英国皇家空军服役，它利用其垂直起降功能为皇家空军带来了新的近距离空中支援能力。然而，该型飞机的航程短、载弹量小并且只装备了昼间攻击用航空电子设备。第二代的型号在解决了初期遇到的一些困难之后克服了上述三个缺陷。这些改进还使得现在仍在服役的多数有效的攻击机更为成熟。

"鹞" GR.Mk5
主要部件剖面图

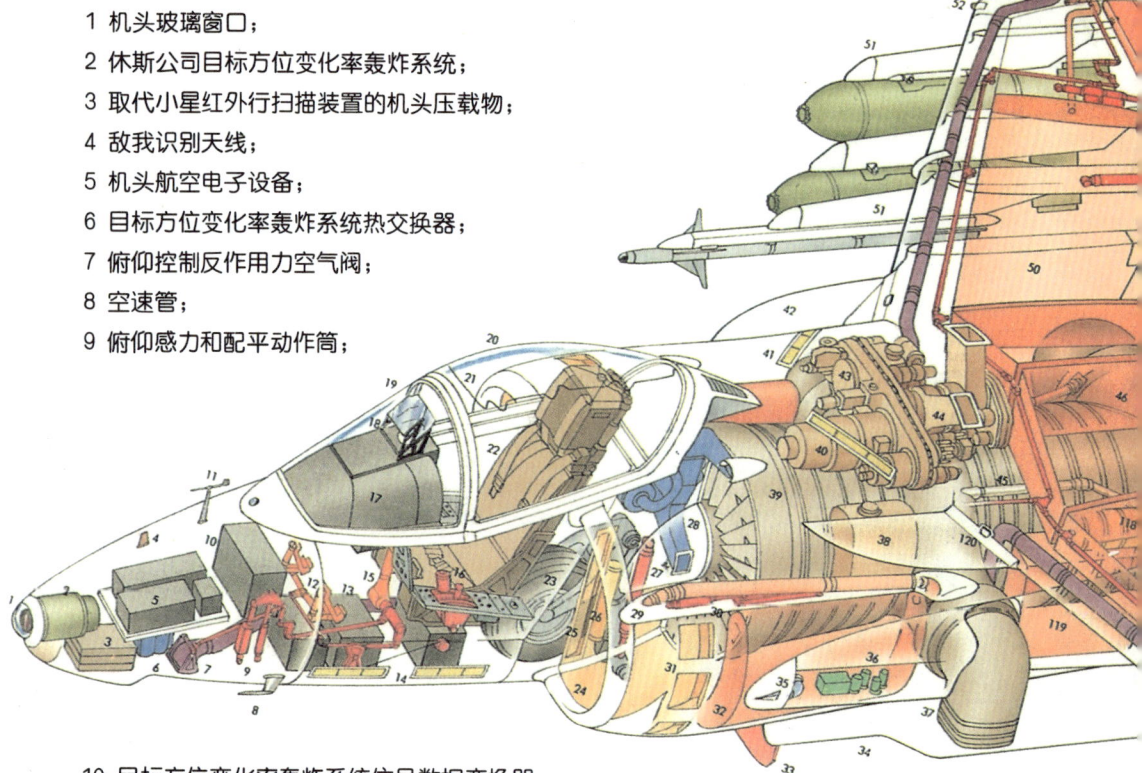

1 机头玻璃窗口；
2 休斯公司目标方位变化率轰炸系统；
3 取代小星红外行扫描装置的机头压载物；
4 敌我识别天线；
5 机头航空电子设备；
6 目标方位变化率轰炸系统热交换器；
7 俯仰控制反作用力空气阀；
8 空速管；
9 俯仰感力和配平动作筒；

10 目标方位变化率轰炸系统信号数据变换器；
11 偏航翼；
12 方向舵踏板；
13 空气数据计算机和惯性导航系统设备；
14 编队灯板；
15 驾驶杆和操纵连杆系；
16 引擎油门和喷管操纵杆；
17 仪表板遮盖罩；
18 驾驶员抬头显示器；
19 整体"环绕式"风挡；
20 后向滑动座舱盖；
21 带有微型爆破索的座舱盖穿透装置；
22 马丁·贝克Mk12型弹射座椅；
23 前起落架轮舱；
24 引擎进气道；

25 附面层放气管道；
26 液压蓄力器；
27 前轮液压制动器；
28 座舱空调系统；
29 空中加油探管回收槽；
30 探管液压制动器；
31 进气道辅助进气门；
32 机身前部侧面油箱；
33 辅助升力装置可拆卸的横板；
34 机身边条，左右各一；
35 引擎舱通风进气口；
36 液压系统地面接口和引擎监测；
37 前部无缝（风扇）可旋转喷管；

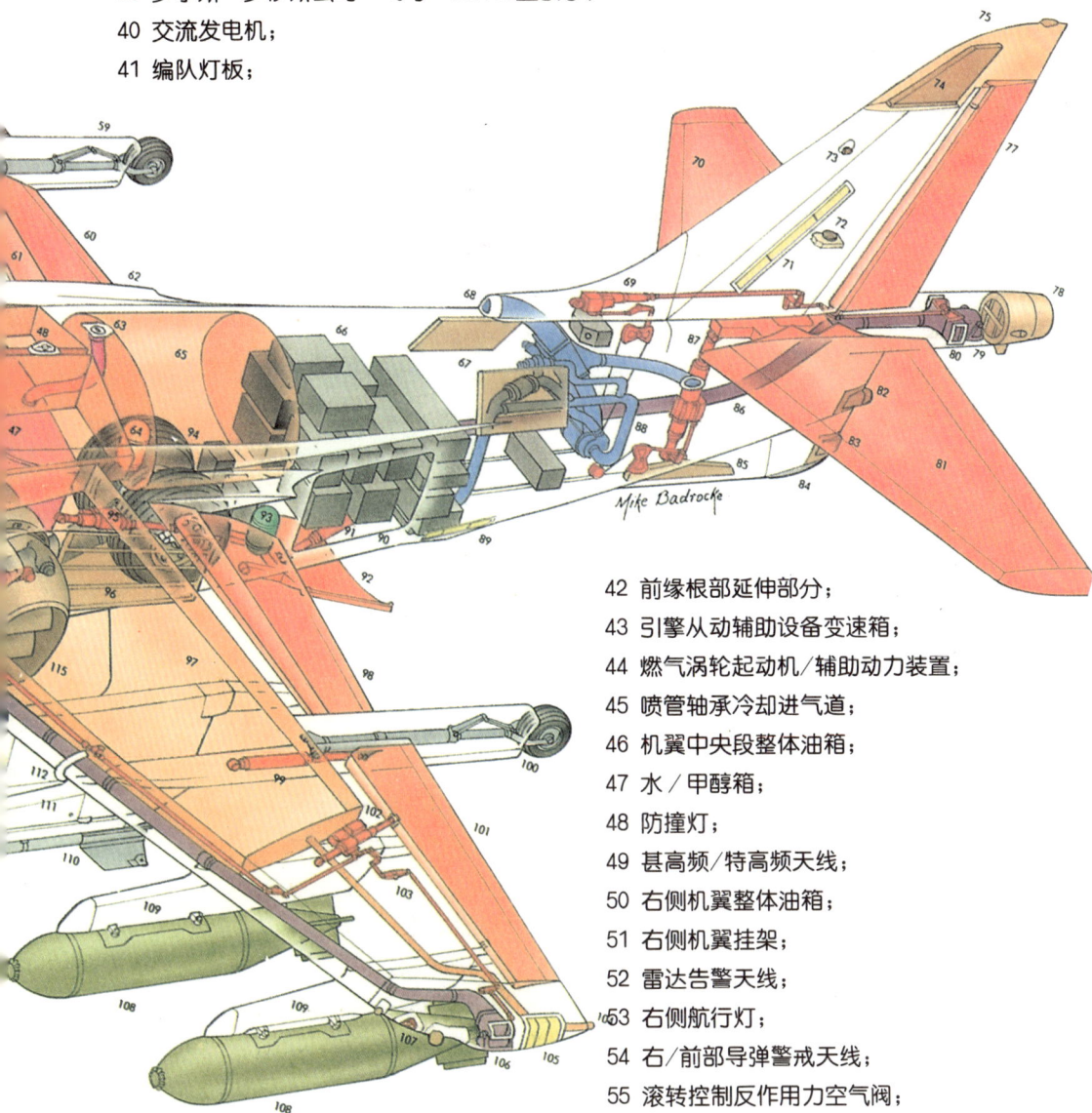

38 引擎滑油箱;

39 罗尔斯·罗伊斯公司"飞马"Mk105型引擎;

40 交流发电机;

41 编队灯板;

42 前缘根部延伸部分;

43 引擎从动辅助设备变速箱;

44 燃气涡轮起动机/辅助动力装置;

45 喷管轴承冷却进气道;

46 机翼中央段整体油箱;

47 水／甲醇箱;

48 防撞灯;

49 甚高频/特高频天线;

50 右侧机翼整体油箱;

51 右侧机翼挂架;

52 雷达告警天线;

53 右侧航行灯;

54 右/前部导弹警戒天线;

55 滚转控制反作用力空气阀;

56 翼尖编队灯;

57 应急放油装置;

58 右侧副翼;

59 翼下起落架整流罩;

60 右侧开缝襟翼;

61 下垂开缝襟翼导流片；

62 翼根边条；

63 水/甲醇箱加注口；

64 引擎灭火器；

65 后机身油箱；

66 后部航空电子设备舱；

67 配电盘；

68 热交换器冲压进气口；

69 方向舵液压制动器；

70 右侧全动式水平尾翼；

71 编队灯板；

72 MAD偿器；

73 温度探测器；

74 上部宽带通信天线；

75 垂直尾翼翼尖天线整流罩；

76 雷达信标天线；

77 方向舵；

78 电子对抗设备模块；

79 俯仰控制反作用力空气阀；

80 偏转控制气阀；

81 左侧全动式水平尾翼；

82 后部导弹警戒天线；

83 雷达告警天线；

84 机尾缓冲器；

85 下部宽带通信天线；

86 反作用力控制空气管道；

87 水平尾翼液压制动器；

88 航空电子设备空调装置；

89 编队灯板；

90 航空电子设备舱检查口盖，左右各一；

91 减速板液压制动器；

92 机身下部减速板；

93 液压系统氮气增压瓶；

94 主起落架轮舱；

95 襟翼液压制动器；

96 机身隔热板；

97 左侧机翼整体油箱；

98 左侧襟翼；

99 翼下起落架液压制动器；

100 左侧翼下起落架；

101 左侧副翼；

102 副翼液压制动器；

103 副翼/空气阀连接装置；

104 应急放油装置；

105 翼尖编队灯；

106 左侧滚转控制空气阀；

107 左侧航行灯；

108 BL755型集束炸弹；

109 外侧武器挂架；

110 AIM－9L/M"响尾蛇"空对空导弹；

111 中间导弹挂架；

112 翼刀；

113 内侧武器/油箱挂架；

114 反作用力控制空气管道；

115 后（热气流）可旋转喷管；

116 主起落架液压制动器；

117 压力加油接口；

118 液压蓄力器；

119 中央机身侧面油箱；

120 引擎舱通风进气口。

GR.Mk7型和T.Mk10型
"鹞"式战机

"鹞"式战机可以说是英国皇家空军最重要的飞机，其全面、灵活、机动、高效的特点使之在许多行动中发挥了重要作用。"鹞"GR.Mk7型机在英国皇家空军中的地位相当于美军的AV–8B型夜间攻击机，二者使用了类似的装备和航空电子设备，机头同样安装了GEC传感器公司的前视红外系统，还有与夜视镜兼容的玻璃座舱。英国皇家空军的"鹞"式战机部队使用的是"夜鹰"夜视镜，而非美国海军陆战队使用的"猫眼"夜视镜。

GR.Mk7型机不像AV–8B的后期型号那样在机身后部安装箔条弹/红外曳光弹投放器，而是装备了马可尼公司的"宙斯"电子对抗系统。该系统包括一套固有的雷达告警接收机和诺斯罗普公司的干扰器，可以干扰连续波和脉冲雷达。它与普莱斯公司的导弹逼近预警系统相连，如果有雷达接近，可以自动激活反制措施。

英国皇家空军的攻击型支援飞机的一个传统问题就是缺少武器挂点。"鹞"GR.Mk7型机有6个翼下挂架，

左图：在冷战期间，"鹞"式战机部队的重要任务之一就是从航母上进行起降作战。英国皇家空军的"鹞"式战机和皇家海军的"海鹞"战机在"联合力量2000"行动中共同出击。

上图："鹞"式T.Mk10型机是英国皇家空军第二代"鹞"式机型中的一种双座教练机，目前已经完全取代了原有的T.Mk4型机，该机型尽管性能超强，但只用于训练。

机身中央1个通用挂架，还有2个专用的"眼镜蛇"导弹挂架。目前，该机型的1个集成在挂架中的箔条布撒器将节省出1个武器挂架，无需像以前那样悬挂1个"菲马特"箔条投放吊舱。

英国皇家空军第二代"鹞"式战机服役以来出现了许多问题，一名英国航宇公司的试飞员因为弹射座椅故障而死于非命。还有一些设备无法正常工作，有时甚至根本不工作，小型红外行扫描侦察系统就是其中之一。不过，这些问题很快得到了解决，到了

GR.Mk5型机为GR.Mk7型机让路的时候，大多数困难已经克服。然而，英国皇家兵工厂的"阿登"25毫米口径航炮是一个令人遗憾的例外，根据生产商承诺，该型航炮将比美国AV-8B型战机上的GAU-12A"加特林"航炮产生更小的后坐力、更快的射速和更轻的重量，但实际上却达不到。尽管做了大量试验和工程革新，问题依然没有解决，航炮最终被取消，这就使得"鹞"GR.Mk7战机成为英国皇家空军第一种未装备航炮的战斗轰炸机种，空荡荡的航炮吊舱也就变成飞机飞行

上图："鹞"式战机在冷战期间的部署行动中发挥了重要作用，其独特的短距起飞和垂直降落的特点使它直到今天仍然经常执行各种任务。

的气动辅助设备了。

1988 年间，英国皇家空军订购了首批 34 架 GR.Mk7 型机，早期的机型也迅速改装成为晚期型号。GR.Mk5 型机经过改装，在机头上部安装了前视红外天线，在机头下部安装了"宙斯"系统天线，就变成了 GR.Mk7 的原型机。1989 年 11 月 20 日，首架由 GR.Mk5 型机经过改头换面而成的 GR.Mk7 型机进行首飞。

首架投产的 GR.Mk7 型机于 1990 年 5 月交付。1990 年 8 月，首批服役机型交付驻博斯科比顿基地的"轰炸攻击"操作评测单位（OEU）。在这里发展并完善了 GR.Mk7 型机的操作程序、战术设计和相关设备，并做了一些夜视镜和前视红外系统的前沿工作。自 1990 年 9 月起，GR.Mk7 型机也交付到第 4 飞行中队，替换第一代的 GR.Mk3 型机。1990 年 11 月，GR.Mk7 型机开始取代第 3 中队的 GR.Mk5 型机。

为了缓解 GR.Mk5 型机向 Mk7 型

下图：在巴尔干半岛执行"空中禁飞区"监视任务中，这架"鹞"式战机采用了目前双色灰红外光涂装方案，没有所属单位标记。飞机中轴线下方挂载601系列GP（1）型侦察吊舱。

上图：与最初的"鹞"式战机和英国皇家空军的老迈的"美洲虎"战机相比，GR.Mk7型机提供了出众的装载能力，除了燃油、空对空导弹、箔条干扰弹外，还能够搭载2枚907千克的激光制导导弹，甚至还包括一个中央侦察吊舱。

机的过渡压力，编号从42号到60号的飞机为GR.Mk5A型，装备了GR.Mk7型机的航空电子设备（没有装备前视红外系统，安装了"宙斯"系统的整流罩），然后直接存放等待全面改装。这些飞机（包括损坏的飞机）的全面改装在1990年展开，大多数早期的GR.Mk5A交付给了第1和第20中队。

1993年，英国皇家空军古特斯洛基地关闭，第3和第4中队前往拉尔布鲁奇基地驻扎，接受北约快速反应部队指挥。1999年，两支中队回到英国，驻扎在柯茨摩尔基地。从第77架飞机（编号ZG506）开始，"鹞"GR.Mk7型机就安装了更大的翼根前缘边条，进一步降低了机翼翻滚，改善了转弯性能。考虑到通用性的原因，一项替换早期飞机上更小的翼根前缘边条的计划被暂时搁置，认真研究了在舰载机上使用大翼根前缘边条的难度，一些晚期的 GR.Mk7 型机甚至拆掉大边条，换上了最初的小边条。

1990 年 2 月，英国政府通过了采购"鹞"式 T.Mk10 型机的决定，这是一种英国化的 TAV-8B 型教练机，配备有夜间攻击系统。1992 年年初，英国政府决定再订购 13 架该型机，这样一来，英国的"鹞"式战机部队终于有了在性能上完全代表第二代"鹞"GR.Mk7 型机的教练机。1994 年 4 月 7 日，T.Mk10 型机首次升空，"飞马"Mk105 发动机与该机型完全兼容。与美式同类机型不同，该机型只能装载训练用武器装备。

"鹞"GR.Mk7 型机最初的武器装备非常有限，包括 454 千克的炸弹、BL755 型集束炸弹和 68 毫米口径 SNEB 火箭发射器。如今，该机型增加了一系列新型武器，其中就有 CRV-7 型火箭弹和 CBU-87 型集束炸弹。海湾战争期间，"美洲虎"战斗机曾经使用过上述武器。GR.Mk7 型机同时也兼容"铺路"II 和"铺路"III 激光制导导弹，在科索沃的"联合力量"行动中，这些导弹大展神威。1995 年，在波斯尼亚，在装备了热成像机载激

光标定吊舱的"美洲虎"战斗机的引导下，"鹞"GR.Mk7 型机首次对塞尔维亚目标投射"铺路"II 激光制导导弹。后来，"鹞"式战机也集成了该吊舱，可以自主进行目标指示了。

为了让 GR.Mk7 型机具备侦察能力，英国方面至少对 9 架飞机重新安装了早先的 GR.Mk3 型机的侦察设备吊舱，4 台带 70 毫米口径镜头的 F95 型相机呈扇形排列，还有 1 台配置了 127 毫米口径镜头的 F135 型摄像机。这种过渡方案非常有效。此外，"鹞"式战机装配了 18601 系列 GP（1）型侦察吊舱和 603 系列远距离倾斜侦照吊舱。

此外，英国人还改进了 GR.Mk7 型机的导航设备。到了 1992 年，惯性导航系统升级到 FIN1075G 型，并集成了全球定位系统，这对于舰载行动中的海上精确导航尤其重要。经过各种试验之后，1997 年 11 月，英国皇家海军第 1 飞行中队在"无敌"号航空母舰上整装待发，准备参加对伊拉克的空袭。

"鹞"GR.Mk7 型机是对英国皇家海军舰载飞行联队的有益补充，它的夜间和对地攻击能力扩大了"海鹞"攻击机的防空能力。

右图：一名全副武装"鹞"战机的飞行员正走向他的座驾。英国皇家空军"鹞"战机飞行员的标准装备包括：飞行服、靴子、飞行夹克、抗荷服以及内置救生圈的生存背心。

下图："鹞"设计能够从次级跑道以及危险袭击过后但暂时还未能投入使用的机场主跑道上起飞。

本图：图中这架英国皇家空军的"鹞"GR.7战机不仅展示了短距起飞/降落能力，还展示了强大的在未经修整的松软的地面上起降的能力。

美国海军陆战队
AV-8B战机

美国海军陆战队自我定位为一支独立自主的武装力量，有着自力更生的重要传统。因此，为自己的士兵提供属于自己的近距离空中支援飞机，对于美国海军陆战队而言，是一件关乎荣誉的大事。"鹞"II型攻击机则在这场荣誉之战中起到了重要作用。在美国海军陆战队中，AV-8B型机取代AV-8A型机，装备了1个训练部队和7个一线中队。为了节约成本，海军陆战队不但解散了1个中队，还放弃了再建立2个预备役"鹞"式战机中队的计划。

行政上，美国海军陆战队可以划分

下图：为适应AV-8B型战机，美国海军陆战队进行了为期22周的转换课程，包括62次飞行和60飞行小时，其中有15次飞行是在TAV-8B双座教练机型中进行的。

上图：这架第223"斗牛犬"攻击机中队的AV-8E型攻击机正在发射AGM-65E型激光制导导弹。

为两个舰队陆战队，每个陆战队有自己的责任区域。大西洋舰队陆战队下辖陆战队第2飞行联队，基地位于北卡罗来纳州的切利角海军陆战队航空站。第2飞行联队下辖装备了AV-8B型机的陆战队第14飞行大队。切利角基地拥有4条2591米长的跑道，在博格辅助着陆场还有一个救援物资着陆区。该着陆区有一个模拟两栖攻击舰平台，还有一条配置了降落拦阻装置的模拟航空母舰甲板。

太平洋舰队陆战队下辖陆战队第3空中联队，基地位于亚利桑那州尤马海军陆战队航空基地。该联队的陆战队第13飞行大队下辖的第211、214、311和513攻击机中队，配备"鹞"式战机家族中的AV-8B型和AV-8B（NA）型机。海湾战争期间，陆战队第13飞行大队驻扎在阿卜杜尔阿齐兹国王空军基地，下辖第231、311、542攻击机中队和第513攻击机中队B特遣队，由约翰·拜尔迪上校指挥。战争期间，更多的"鹞"式战机加入VMA-331中队，成为陆战队第40飞行大队的一部分，搭载在"拿骚"号两栖攻击舰上。另一个拥有AV-8B型机的部队是陆战队第12飞行大队，该大队没有自己的"鹞"式战机飞行员，但通过攻击机中队的轮转部署，该单位一直拥有着"鹞"式战机。

美国海军陆战队远征部队部署

通常情况下，美国海军陆战队航空力量是作为海军陆战队航空兵地面特遣部队进行部署的。其中，最大的一部分是海军陆战队远征部队，由一名两星将军指挥，下辖1个师和1个整编陆战队空中联队，拥有多达69架的AV-8B型战机。先遣队包括1个陆战步兵团和1个陆战队航空大队，拥有40架AV-8B型战机。航空大队按整编中队部署，并保留单位名称。远征部队部署在"黄蜂"级两栖攻击舰上，可以搭载20架"鹞"式战机和5架H-60型或CH-46型直升机。

美国海军的"黄蜂"级两栖攻击舰主要有LHD-1"黄蜂"号、LHD-2"埃塞克斯"号、LHD-3"基尔萨奇"号、LHD-4"拳师"号、LHD-5"巴塔安"号和LHD-6"好人理查德"号。目前，第七艘两栖攻击舰正在建造之中。较老式的"塔拉瓦"级两栖攻击船也可以搭载"鹞"式战机，该级舰通常携带的标准机型包括AV-8B型战机和CH-53D、CH-46D/E型运输直升机以及AH-1W攻击直升机等。"塔拉瓦"级两栖攻击舰包括LHA-1"塔拉瓦"号、LHA-2"塞班"号、LHA-3"贝劳伍德"号、LHA-4"拿骚"号和LHA-5"佩勒利乌"号。此外，还有2艘"硫磺岛"

下图：1986年4月，第542"飞虎"攻击机中队用AV-8B型战机替换了AV-8A和AV-8C型战机。第542中队是"沙漠盾牌"和"沙漠风暴"行动中第二支部署到波斯湾地区的攻击机中队。1991年3月，该中队离开沙特阿拉伯，于1993年7月成为首支拥有"鹞"Ⅱ加强型攻击机的中队。该中队的战机尾部方向舵带有明显的黄色虎皮图案。

级两栖攻击舰正在服役，分别是 LPH-9 "关岛"号和 LPH-11 "新奥尔良"号，二者都可以携带"鹞"式战机，但近年来被定位为反水雷舰。

除了上述几种两栖攻击舰，AV-8B 型战机也可以部署在 8 艘"惠德贝岛"级船坞登陆舰上。通常情况下，美国海军陆战队配备的军舰并不是常规的作战平台，而是输送陆战队人员和装备到达作战区域的运载手段。

具体执行作战任务的是海军陆战队远征小队，配备 1 个加强营和加强直升机中队，通常有 6 架"鹞"式战机。美国海军陆战队下属的 2 个执行特种作战任务的远征小队永久部署该机型，每个小队有 1 个直升机加强中队和 1 个加强营，配备的航空力量有 12 架 CH-46 直升机、4 架 CH-53 直升机、6 架 AH-1 直升机、3 架 UH-1 型直升机和 6 架 AV-8B 型战机。

随着"大黄蜂"舰载机雷达系统升级的进行，美国海军陆战队决定把多余的 APG-65 型雷达安装在 AV-8B "鹞" II 型攻击机之上，从而成为能力增强后的"鹞"式 II+ 型机。1992 年，"鹞"式 II+ 型机进入 VMA-542 中队服役。后来，美国海军陆战队决定到 2003 年年底把剩余的 72 架 AV-8B 机型全部改装为"鹞"式 II+ 型机，这些攻击机至少要服役到 2025 年，届时将会由 F-35B 型机所取代。

下图：洛克希德·马丁公司需要将 F-35B 战机的机壳变薄，武器舱改小，垂直尾翼的尺寸缩小以满足客户们所要求的重量限制。F-35B 的机翼啮合连接、航电系统元件和驾驶舱后面的机身也需要重新设计或修改以避免出现超重。

美式航空电子设备

与英国的"鹞"GR.Mk5型机相比，最初的AV-8B型战机的机载设备有科林斯公司的RT1250A型超高频／甚高频通信电台、本迪克斯公司的RT-1157/APX-100型敌我识别系统和利顿公司的AN／ASN-130A型惯性导航系统。AV-8B型机没有GR.Mk5型机重，风挡和前部机身的防鸟撞能力稍差。

弹射座椅

AV-8B型机为飞行员提供了10B型弹射座椅，比AV-8A和"鹞"GR.Mk3型机的座椅高出30.5厘米，并采用了更大型的、两段式水滴形座舱盖，从而与升高的座椅相匹配。

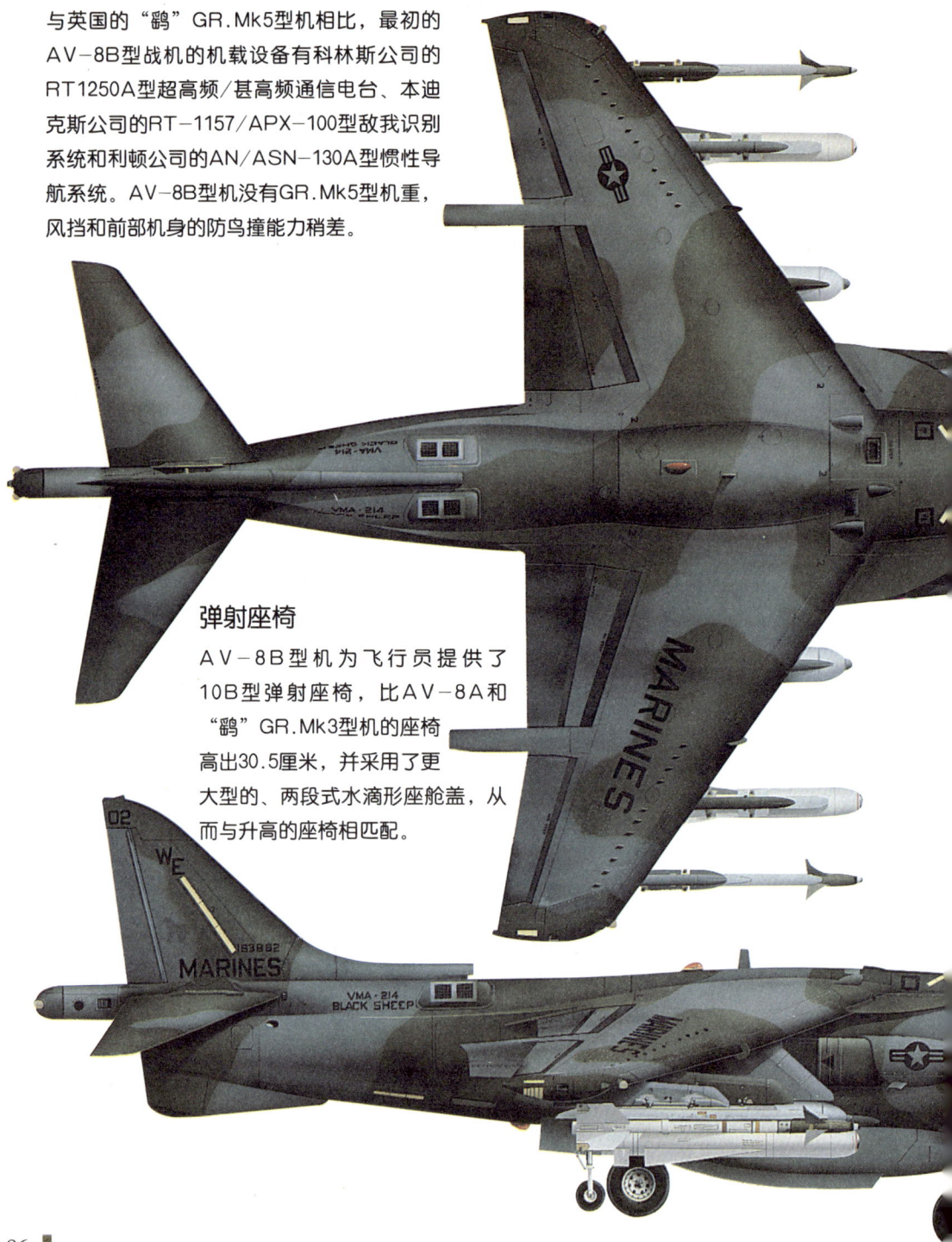

AV-8B "鹞" II型攻击机

从第167架AV-8B型机开始，美国海军陆战队接收的"鹞"式战机都是夜间攻击机型。1989年9月15日，生产线上下来的首架新标准战机交付，第一个按照该标准装备的单位是驻尤马基地的第214攻击机中队（著名的"黑羊"中队），该中队此前使用的是A-4M型攻击机。AV-8B型机装备了2枚AGM-65E"小牛"导弹、2枚Mk20"岩眼"II型集束炸弹、2枚AIM-9L/M"眼镜蛇"导弹。海湾战争期间，该中队奋勇出击，1991年10月部署到了尤马，成为首个海外部署"鹞"式AV-8B新型战机的单位。

箔条干扰弹和红外曳光弹布撒器

作为一款西方战术攻击机，AV-8B型机的箔条和红外曳光弹发射器位于后机身冲压式进气口两侧上方，2台古德伊尔公司的箔条弹／红外曳光弹布撒器安装在后机身下方。

机身下航炮

AV-8B型机安装了1门通用电气公司的GAU-12A型25毫米口径五管"加特林"航炮，载弹300发，位于左侧机腹的吊舱内，弹药则放置在右侧吊舱。

AV－8B "鹞" Ⅱ
主要部件剖面图

1 玻璃纤维雷达天线罩；
2 平板式雷达扫描装置；
3 扫描跟踪装置；
4 雷达固定舱壁；
5 前视红外线系统；
6 APG－65型雷达模块；
7 前俯仰操纵喷嘴；
8 空速管，左右各一；
9 座舱前密封舱壁；
10 俯仰感应装置和配平制动器；
11 偏航翼；
12 一体式弧形风挡玻璃；
13 仪表板遮盖罩；
14 方向舵踏板；
15 地板下航空电子设备舱，空气数
   据计算机和惯性导航设备；
16 电发光/夜视飞行眼镜编队灯板；
17 驾驶杆；
18 引擎油门和喷嘴角度控制手柄；
19 带有全色多功能阴极射线管显示
   器的仪表板；
20 驾驶员抬头显示器；
21 带有微型导爆索应急开关的滑动
   座舱盖；
22 UPC/Stancel Ⅰ轻型弹射座椅；
23 座舱截面构架；

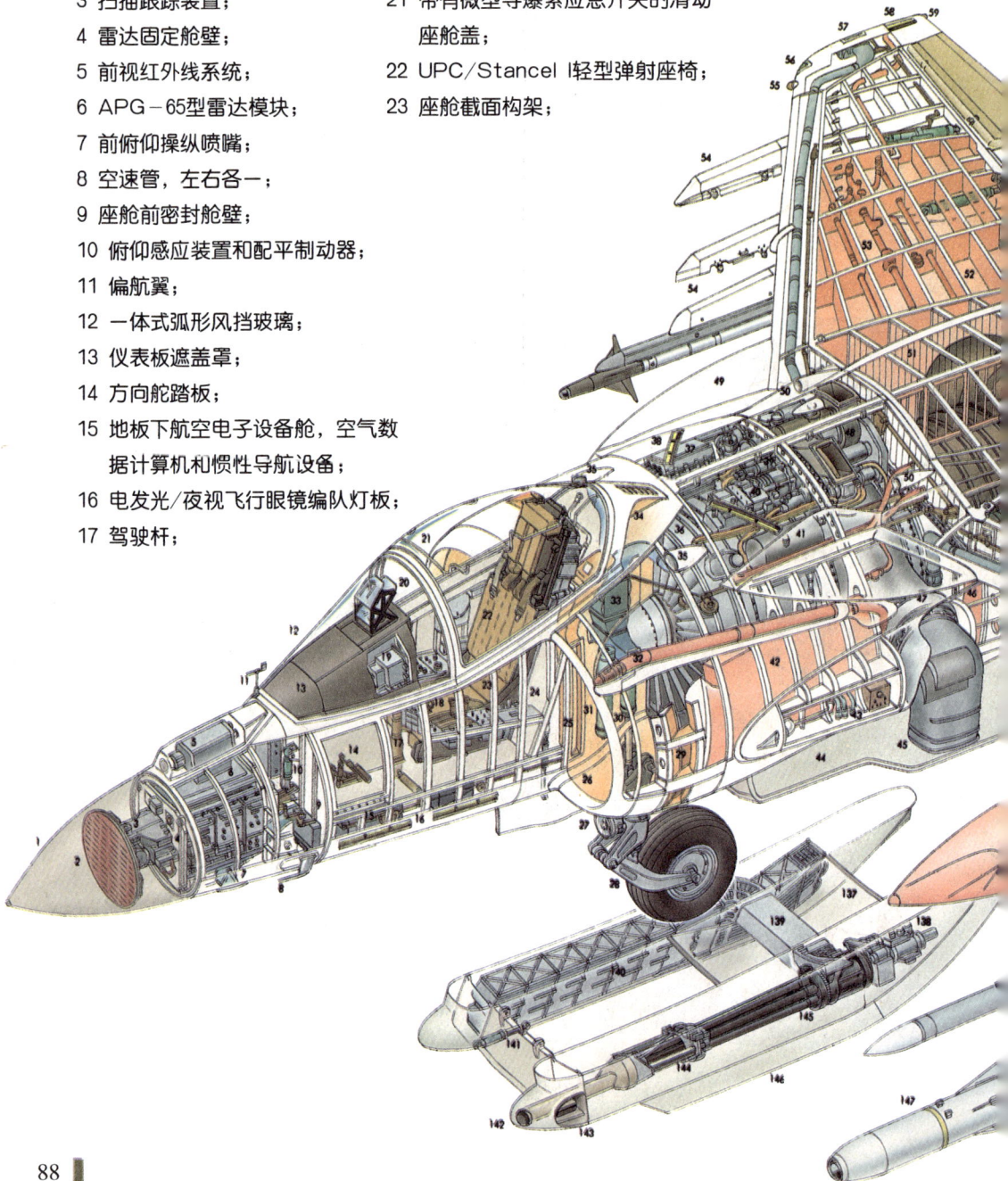

88

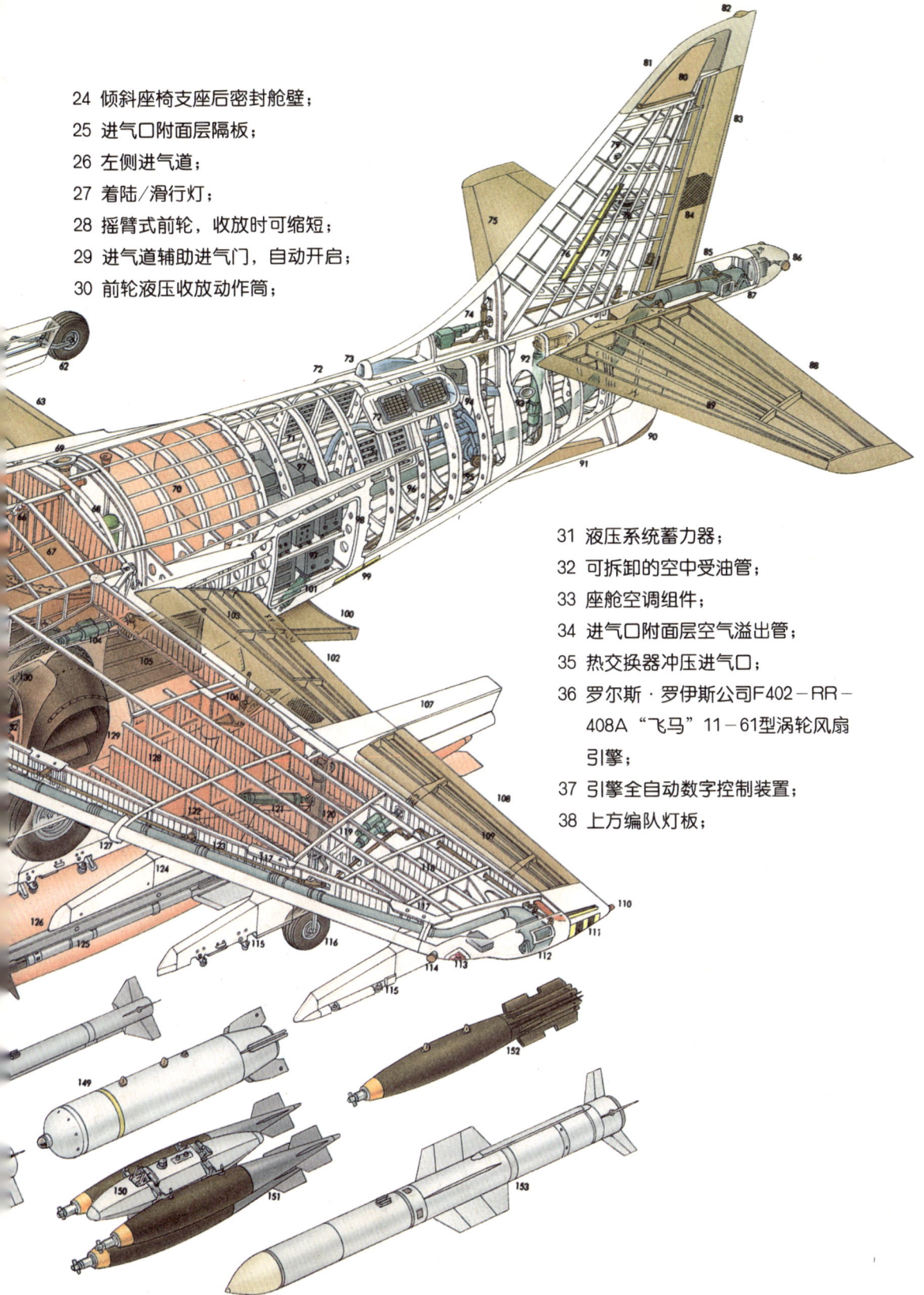

24 倾斜座椅支座后密封舱壁；

25 进气口附面层隔板；

26 左侧进气道；

27 着陆/滑行灯；

28 摇臂式前轮，收放时可缩短；

29 进气道辅助进气门，自动开启；

30 前轮液压收放动作筒；

31 液压系统蓄力器；

32 可拆卸的空中受油管；

33 座舱空调组件；

34 进气口附面层空气溢出管；

35 热交换器冲压进气口；

36 罗尔斯·罗伊斯公司F402－RR－
   408A "飞马" 11－61型涡轮风扇
   引擎；

37 引擎全自动数字控制装置；

38 上方编队灯板；

39 辅助设备变速箱；

40 交流发电机；

41 引擎滑油箱；

42 机身前部油箱；

43 液压系统地面接口和引擎监控/记录装置；

44 机身辅助升力边条；

45 前部无缝（风扇气流）可旋转喷管；

46 中央机身油箱；

47 喷管轴承；

48 燃气涡轮起动机/辅助动力装置；

49 前缘根部延伸部分；

50 引擎舱通风进气口；

51 机翼中央段整体油箱；

52 右侧机翼整体油箱；

53 燃油输送和通风管道；

54 右侧武器挂架；

55 雷达告警接收机天线；

56 右侧航行灯；

57 滚转控制反作用气阀，上下喷嘴；

58 翼尖编队灯；

59 应急放油装置；

60 右侧副翼；

61 翼下起落架整流罩；

62 右侧翼下起落架，收放位置；

63 开缝襟翼；

64 铰接式开缝襟翼导流片；

65 甚高频/特高频天线；

66 防撞信标；

67 软化水箱；

68 引擎灭火器；

69 注水口；

70 后机身油箱；

71 电气系统分配板，左右各一；

72 金属箔条/闪光弹发射器；

73 热交换器冲压进气口；

74 方向舵液压制动器；

75 右全动式水平尾翼；

76 编队灯板；

77 垂直尾翼普通轻合金结构；

78 MAD补偿器；

79 温度探测器；

80 宽带通信天线；

81 玻璃纤维垂直尾翼翼尖天线整流罩；

82 雷达信标天线；

83 方向舵；

84 蜂窝式复合材料方向舵；

85 偏转控制气阀，左右喷管；

86 后部雷达告警接收机天线；

87 后俯仰控制喷嘴；

88 左全动式水平尾翼；

89 碳纤维复合材料多翼梁水平尾翼；

90 机尾缓冲器；

91 下部宽带通信天线；

92 水平尾翼液压制动器；

93 热交换器排气口；

94 航空电子设备空调组件；

95 水平尾翼操纵钢索；

96 后机身传统轻合金结构；

97 后机身航空电子设备舱；

98 航空电子设备舱检查口，左右各一；

99 编队灯板；

100 机腹减速板；

101 减速板液压制动器；

102 左开缝襟翼；

103 碳纤维复合材料襟翼；

104 襟翼液压制动器；

105 排气喷管套；

106 外侧襟翼铰链和相互联系连杆；

107 左侧翼下起落架整流罩；

108 左侧副翼；

109 副翼碳纤维复合材料结构；

110 应急放油装置；

111 左侧翼尖编队灯；

112 滚转控制反作用气阀，上下喷嘴；

113 左侧航行灯；

114 雷达告警接收机天线；

115 左侧机翼外挂架；

116 左侧翼下起落架；

117 外挂架承力点；

118 机翼外侧干舱；

119 副翼液压制动器；

120 翼下起落架支柱；

121 液压收放动作筒；

122 左侧机翼整体油箱；

123 副翼操纵杆；

124 中间导弹挂架；

125 AIM－9L/M"响尾蛇"空对空导弹；

126 导弹发射导轨；

127 机翼前缘翼刀；

128 碳纤维复合材料"正弦波"多翼梁骨架；

129 后部（热气流）可旋转喷管；

130 后部喷管放气冷却轴承座；

131 液压蓄力器，双系统，左右各一；

132 压力加油接口/操纵面板；

133 反作用力控制空气管道；

134 向后收起的双轮主起落架；

135 内侧副油箱挂架；

136 外挂油箱；

137 机腹航炮吊舱，替代机身辅助升力边条；

138 航炮气动装置；

139 弹药横向输送和弹链回收槽；

140 弹仓，300发炮弹；

141 可拆卸的机身辅助升力边条横向冲压和液压制动器；

142 航炮口；

143 航炮燃气通风管；

144 向前散射反冲座；

145 GAU－12/U型25毫米五管旋转航炮；

146 航炮吊舱辅助升力边条；

147 AGM－65A"幼畜"激光制导空对地导弹；

148 AIM－120"阿姆拉姆"空对空导弹；

149 CBU－89B"加特"子母弹投放器；

150 三联装挂架；

151 Mk82型227千克普通低爆炸弹；

152 Mk82SE"蛇眼"延迟炸弹；

153 AGM－84A－D"鱼叉"反舰导弹。

上图：这架第214攻击机中队的AV－8B型战机挂载的是AN／ALQ－164电子对抗吊舱。从KC－130F空中加油机加完油后，这架飞机正与它的继任者——一架第231攻击机中队的"鹞"式Ⅱ加强型战机进行编队飞行。

上图：这是一架第542攻击机中队的"鹞"式II+型战斗机。绰号为"飞虎"的第542中队是海军陆战队中拥有AV-8战机最早的单位，早在1970年6月就已经把F-4B战斗机换成AV-8A了。

下图：虽然"鹞"II在外观上与AV-8B几乎难以区分，但是经过了多项改进，安装了一个新型雷达、新的武器系统以及经过更新的发动机。

左图：国际公认"鹞"Ⅱ是现役的能力最强、用途最广的战斗机之一，但最初的第二代"鹞"Ⅱ由于缺少雷达，受到了指责。在英国，英国航空航天公司在最初的"鹞"上加装了雷达，生产出"海鹞"，这一做法在"鹞"Ⅱ上沿用下来。由于安装了来自F／A－18A"大黄蜂"的APG－65雷达，因此它具有难以匹敌的超视距（BVR）作战能力。

下图："鹞"Ⅱ+型战斗机的APG－65型雷达有一根5厘米长的天线。这种天线安装在AV－8B战斗机机身的横截面上。

上图：第一架再生产的"鹞"Ⅱ在空中盘旋，它没有喷漆并且可以显示出不同的构造材料。

上图：在"鹞"Ⅱ上可以看到不同的颜色图案。尽管这两架原型机的上表面的颜色要深得多，但大多数都涂的是"幽灵灰"。

上图：海军陆战队第一个使用"鹞"ⅡPLUS的部队是VMA-542，它在1993年获得了第一架原型机。这里可以看到其中的一架正在飞行训练时投放Mk 82 "蛇眼"炸弹。

左图：美国海军陆战队最初希望全部"鹞"都更新为"鹞"Ⅱ标准，但20世纪90年代国防预算的削减使总数减至99架。

AV-8B "鹞" Ⅱ档案

◆ 第一架"鹞"Ⅱ于1992年试飞，发动机故障导致一架原型机坠毁。

◆ 这一计划的主要推动力来自于第一次海湾战争的实践。

◆ 改进后的AV-8B于2002年前全部交付完毕。

◆ 所有的"鹞"Ⅱ都改换了全新的机身。这要比改进老式机身省钱。

◆ 新型飞机的引入使一种真正的多功能"鹞"出现。

◆意大利是在单座机型之前先获得教练机的第一个国家。

AV-8B "鹞" II+型战斗机 技术参数

机型： 单座短距离起飞和垂直着陆多用途战斗机

动力系统： 1台罗尔斯·罗伊斯F402-RR-408A（"飞马"11-61）矢量推力涡轮风扇发动机，推力106千牛

性能： 海平面最大平飞速度1065千米/时；实用升限超过15240米；作战半径185千米，执行战斗空中巡逻任务时间可达2小时42分钟

重量： 空机重量6740千克；短程起飞的最大起飞重量14061千克

尺寸： 翼展9.25米；机长14.55米；机高3.55米；包括前缘翼根边条在内的机翼面积为22.61平方米

武器装备： 超过6003千克军用物资，通常包括安装在机身下面小舱内的2门25毫米口径GAU-12火炮

上图：海军陆战队的AV-8B在垂直着陆。气流激起的碎石一直都是飞机起降的一个问题，即使相对低速的"鹞"式排气。

上图：美国海军陆战队的AV-8B"海鹞"II
电子战变型机的机头上安装了F/A-18"大
黄蜂"上安装的APG-65有源相控阵雷达，
该机的一大特征是尾部呈球形的鼻锥轮廓。

下图：这架AV-8B"海鹞"II夜间攻击型号
机头部位装有一台标志性的光学追踪器，使
得机头的轮廓变得圆钝。

上图：飞行员对新型飞机的到来欢欣鼓舞，一名服役于VMA-542"飞行虎"的飞行员将它描述为"海军陆战队的重大突破"。

上图："鹞"Ⅱ另一个特征是将机翼挂架的数量从6个提高到8个，这是为了与英国皇家空军的飞机相一致。还可以携带新型APG-65雷达和AIM-120高级中程空-空导弹。

上图：图中AV-8B机群编队摄自1991年海湾战争"沙漠盾牌"行动中，图中可见战机挂载着2具副油箱但并未挂载弹药，可见其正在执行转场任务。

AV-8B是一种独特的单座战机，它也是世界上少数几种具备短距、垂直起降能力的军用固定翼战机。为实现垂直起降能力，其发动机产生的、以推力为表现形式的高速燃气由机体中部下侧4个喷射方向可控的喷口喷出，这使该战机能够利用非常有限的空间，比如在被破坏的机场跑道、战舰甲板上，实现自由起降。这种完全利用矢量推力，而非机体空气动力特征实现的垂直起降，也使"鹞"式战机获得了"弹跳喷气机"的昵称。

机载机炮舱

AV-8B"鹞"式战机机身前部下侧有两个较小的负载舱，其中左侧舱室内配备一门25毫米机炮，而后侧舱室内则放置着机炮使用的弹药和发射后留存的弹壳。

矢量推力喷管

机体中部的4具矢量推力喷管使"鹞"式战机在空中具备其他采用常规推力结构的战机所无法拥有的性能，比如它可在空中悬停，可突然减速或降落，或改变飞行方向等。水平飞行时，4个发动机喷口水平向后喷射燃气，而垂直飞行时，喷口则向下喷射燃气。战机的这一特点，在它进行空中格斗时非常有用。

主翼负载挂载点

AV-8B"鹞"式战机主翼下共有6个负载挂载点，每侧主翼3个，可挂载火箭弹巢、各类炸弹、空地导弹和集束炸弹等用于对地攻击的弹药，也可挂载各类射程的空对空导弹用于空战。每侧主翼下的3个挂载点中，靠近机身内侧和中间的挂载点亦可负载1具较大的副油箱。为尽可能扩展航程，战机最多可挂载4具副油箱。

AV-8B "鹞"式战机的七种弹药挂载方式

1 空对空作战模式弹药挂载

①2枚AIM-9"响尾蛇"近程红外空对空导弹
②4枚AIM-120"阿姆拉姆"中、远程空对空导弹

2 反装甲攻击模式弹药挂载

①1具"蓝盾"目标指示吊舱　　③1枚AIM-9"响尾蛇"近程红外空对空导弹
②4枚AGM-65E"幼畜"空对地导弹

3 近距离空中支援模式弹药挂载

①4枚Mk82无制导炸弹
②2具LAU-68火箭弹巢

4 精确攻击模式——弹药挂载

① 1枚AIM-9"响尾蛇"近程红外空对空导弹

② 4枚GBU-16制导炸弹

③ 1具"蓝盾"（LITENING）目标指示吊舱

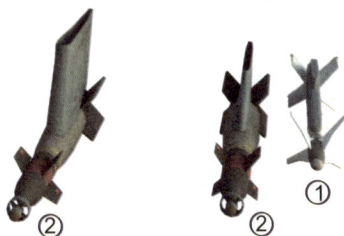

5 精确攻击模式弹药挂载

① 1具"蓝盾"目标指示吊舱   ③ 2枚GBU-16制导炸弹

② 2枚AGM-65E"幼畜"空对地导弹   ④ 1枚AIM-9"响尾蛇"近程红外空对空导弹

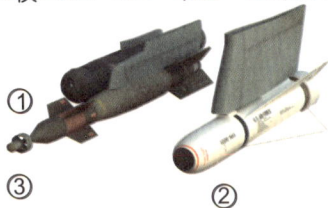
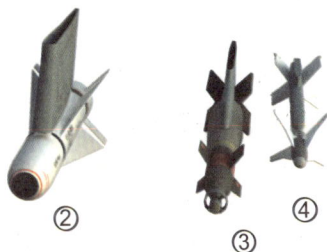

6 反舰攻击模式弹药挂载

① 2枚AIM-9"响尾蛇"近程红外空对空导弹   ③ 2具1135升容量副油箱

② 2枚AGM-A4"鱼叉"反舰导弹

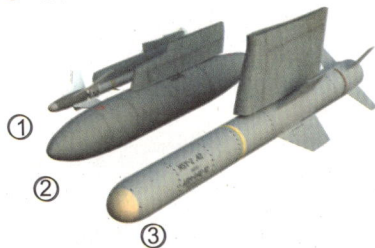
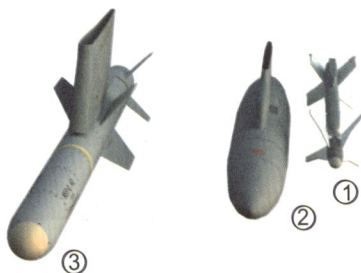

7 通过支援模式弹药挂载

① 2枚AIM-9"响尾蛇"近程红外空对空导弹　③ 2具LAU-68火箭弹巢

② 2枚Mk83无制导炸弹

上图：采用沙漠涂装的美国海军陆战队AV-8B。照片中可以清晰地看到"鹞"较高的座舱，有助于改善飞行员视野。注意机翼的翼根前缘边条。

上图：海军陆战队VWA-331中队的AV-8B"鹞"II在沙漠试验靶场上空投掷炸弹。"鹞"特有的垂直/短距起降（V/STOL）能力，意味着它能够在接收地面部队呼叫后的几分钟内执行对地支援任务。

下图：AV-8B"鹞"式战机是一种性能优秀、用途非常广泛的战机，美国海军陆战队亦大量采用这种战机作为舰队防空或为两栖作战提供近距离支援之用，需要时也能挂载精确制造弹药对陆上或海上目标实施精确打击。

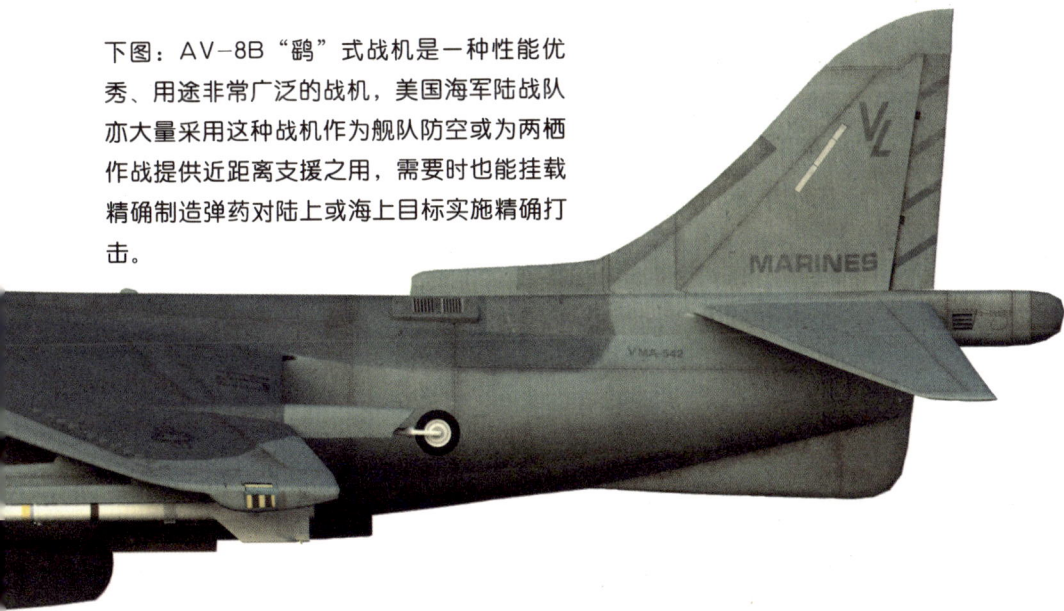

上图：AV-8B"鹞"式战机近期改
装了新的计算机设备，使它们能够
使用带目标寻的功能的联合直接攻
击弹药（JDAM）。

左图：一架美国海军陆战队的
AV-8B战机准备在"硫磺岛"号
两栖攻击舰上垂直着舰，对于两栖
攻击舰这类飞行甲板有限的水面
舰只，AV-8B是非常理想的舰载
机，它们不仅起飞方便，而且以垂
直方式着舰，也比其他高速飞行舰
载机利用阻拦索等设备着舰要安全
和简单得多。

上图："沙漠风暴"行动期间，"拿骚"号两栖攻击舰的甲板上，陆战队第331攻击机中队的一架AV-8B"鹞"式战机正在挂装Mk82 500磅炸弹。

下图：美国海军陆战队的AV-8B战机从"巴丹"号两栖攻击舰上以常规方式起飞。尽管AV-8B具备垂直起降的能力，但这非常消耗燃油并极大地限制了战机的负载能力，因此如无特别需要它通常采用常规滑跑或短距起飞的模式。

左图："沙漠盾牌"行动期间，一架海军陆战队AV-8B"鹞"式战机从"拿骚"号两栖攻击舰的甲板上起飞。停在甲板上的是CH-46E"海上骑士"、AH-1T"海眼镜蛇"和UH-1N"易洛魁人"直升机。

AGM-65"小牛"

空对地导弹是一种威力强大的重要武器，美国海军陆战队配备的改进型AGM-65E"小牛"空对地导弹安装有激光寻的弹头，这与以前的依靠红外线制导的导弹大不相同。

与早期的"鹞"不同,第二代飞机带有可伸缩的加油导管,可以安装在机身左舷进气口的上方。但加油导管并不是任何时候都安装,如图中这架特殊的原型机所示。

与最初霍克公司的设计相比,AV-8B系列大量使用合成材料和碳纤维环氧复合材料。这种机身要长一些,也更结实,而且要比早期的机型具有长得多的疲劳寿命。

缺少合适雷达,多年以来这成为"鹞"的一大缺陷。APG-65的安装使AV-8B成为一种性能更优良的飞机和一种高效的海上防御战斗机,比英国"海鹞"性能更佳。

"鹞"Ⅱ的一项改进是把机翼下的挂点从6个增加到8个。最新的AV-8B同样可以携带AIM-120高级中程空-空导弹。

出于自卫需要,最新的AV-8B安装了前后视雷达告警接收机(RWR)、"古德伊尔"AN/ALE-39箔条弹干扰设备和"多普勒"预警雷达(MAW)。最后一项装置安装在了凸出的尾部导管组件上。

近距离空中支援

无论何时，空中力量都不太可能完全靠自己在战争中彻底击败敌人的地面力量，更不用提像步兵那样占据和坚守地面。换个角度来看，近距离空中支援可能是空中力量最为接近地面的行动样式。通过攻击与己方地面部队进行交战接触的敌方地面力量，遂行近距离空中支援的战机发挥着"飞行炮兵"或"空中炮兵"的支援作用，它们有时直接影响着地面战局的发展。通过它们的攻击，消除己方地面部队的威胁，或者使己方的作战行动更为顺利。

近段时期以来，能够遂行近距离空中支援任务的力量不断拓展，重型轰炸机搭载GPS制导炸弹，可对距离己方部队非常近的敌军实施精确攻击，从本质来看，这也是一种近距离空中支援，当然这种情况理论上可行，但实际中并不常见。对于大多数近距离支援任务而言，执行力量仍主要以小型的战机为主，它们在战场低空飞行，使用着传统的支援火力，如机炮、无控火箭弹、无制导炸弹，更先进的则搭载着小型制导炸弹、空地导弹等，应地面部队请求，对其附近敌方目标实施打击。

精确制导炸弹虽能极大提升对目标的打击精度，但这类弹药并非遂行近距离空中支援任务时使用的最具效费比的弹药，因为，由于交战距离的关系，有时这类任务从弹药发射到命中目标的时间非常短，这限制了制导弹药在飞行过程中弹道的调整。因此，从这角度看，无制导火箭弹、普通炸弹从未在近距离空中支援任务中过时。同时因为为准确地支援地面友军，防止误伤，实施攻击战机必须尽可能靠近地面，也使得这类任务大多非常危险；而且考虑到战机速度非常快，飞行员在发现目标后可供其鉴别的时间也非常短，这也增加了发生误击事件的可能。因此，这类攻击对执行任务的飞行员的素质和经验要求都非常高。

过去几十年里，从低空向目标实施无控火箭弹攻击，一直是飞行员们最常用，也是最喜欢的近距离攻击方式，这类武器威力强大，同时体积重量较小，易于大量搭载。同时火箭弹置于火箭弹巢中，发射时瞄准方式与机载机炮对地扫射时相似，都需载机在靠近目标的低空中略微压下机头，发射后迅速将战机拉起或转弯脱离目标区域。

下图：一个装填着数十枚70毫米无制导火箭弹的火箭弹巢，正由地勤人员挂载在美国海军陆战队的F/A-18"大黄蜂"战机机翼下。对于近距离空中支援任务来说，火箭弹是最常用也是最好用的武器之一，它能使单架战机对多个目标实施攻击，或者对敌方区域性目标实施连续猛烈的火力突击。

平视显示器（HUD）

　　"鹞"式战机独特的悬停和垂直或短距离起降（V/STOL）能力使得飞行员需要借助一些特殊的设备来帮助他们安全驾驶飞机。开发者在新的"鹞"式II战机安装了更加智能、微型、技术更为先进的平视显示器（HUD）来帮助飞行员，而早期的"鹞"式战机上基本没有这样的辅助设备。

　　希克斯说平视显示器（HUD）可以显示大量的信息以协助飞机的悬停和垂直或短距离起落（V/STOL）。"平视显示器专门有一个悬停和垂直或短距离起落（V/STOL）模式来显示信息，特别是我们开始或结束任务时的低地速环境的信息。以下是些显而易见的例子：显示飞机是否偏离航向的侧滑'球'指示器；飞机的飞行速度降到了30节（55千米/小时）时就会发音提示；显示飞机速度的数字显示器；当前攻角（AOA）显示器；能告诉你机头上扬的合适角度以达到最佳悬停姿态的机头位置指示器被我们亲昵地成为'巫婆的帽子'；速度矢量显示器在飞机空速低于60节（111千米/小时）时还可兼做垂直速度指示器（VSI）；最后一个是功率裕度指标，也被称为'六边形'……在字母J和字母R的周围是不断增长的六边形，每一侧都是六边形，当填满时代表接近了发动机的最大限额，这一种有效的视觉提示以引导飞机悬停时发动机的工作，并能显示飞机在当前控诉下发动机的转数（RPM）。"

　　此外，AV-8B的两种颜色的多功能显示器（MFD）中任何一种都可以显示垂直或短距离起落（V/STOL）的"页面"，列出飞机的基本重量、水的重量和基本的阻力指数等信息以帮助飞行员快速地估测该飞机的性能限制。进行短距离起飞时，喷嘴要设定一定的角度，要预留一段地面滑跑距离，至少清理出15米长的跑道。

左图：图中可以清晰地看到美国海军陆战队AV-8B"海鹞"II战机的气泡型座舱。视野宽敞的气泡型座舱加上复杂的飞行员辅助设备——抬头显示器，是飞行员驾驶"海鹞"进行垂直/短距起降的两大法宝。

上图：一架海军陆战队的AV-8B"海鹞"战机向处于攻击范围内的毫无防备的目标发射一枚AGM-65"小牛"导弹。该机弹舱内还携带两枚Mk-82炸弹。

下图：三架美国海军陆战队的AV-8B"海鹞"Ⅱ战机正在飞抵轰炸目标的途中。每架战机都携带了两枚美国海军战机通用的Mk-82 227千克（500磅）低阻力非制导常规炸弹。

"鹞"II型战机的海外用户

与英国的"鹞"GR.Mk1型机相比,西班牙更加青睐于美国的AV-8B"斗牛士"攻击机(在西班牙军队内称作VA.1、EAV-8A或AV-8A)。在当时,西班牙人对于飞机舰载能力的要求,使得一些人认为西班牙人的订单将会瞄准英国制造的"海鹞"战机。然而,

下图:西班牙的AV-8B型战机从旗舰"阿斯图里亚斯亲王"号轻型航空母舰上起飞,该舰装备了12°的滑跃式起飞甲板。西班牙海军航空兵共购买12架AV-8B型机,首架于1987年交付。1990年9月,西班牙加入了"鹞"II+型战机的研制项目。

考虑到与美国的长期关系,西班牙决定采购美国战机。1983年3月,西班牙签署了购买12架AV-8B型机的合同,并给自己的新战机命名"VA.2 斗牛士II",尽管这个名字并不如AV-8S那么常用。麦道公司把该型机称作EAV-8B型。在美国进行飞行员转换训练之后,1987年10月6日,首批3架飞机通过海运抵达西班牙罗塔基地。EAV-8B型机交付时采用双色调亚光灰的涂装方案,与美国海军舰载机的颜色方案类似。

1988 年，西班牙海军所属的采用木质甲板的水上飞机母舰"台达罗"号（前美国巡洋舰"卡伯特"号）退役。1989 年，新型的"阿斯图里亚斯亲王"号轻型航空母舰服役。英国航宇公司试飞员海因茨·弗里克和史蒂夫·托马斯驾驶 AV-8S 型机在新母舰上进行了 12° 滑跃起飞，随后该机型正式投入使用。接着，西班牙飞行员在英国皇家海军航空兵驻地约维尔顿接受了滑跃起飞训练。

后来，西班牙海军不再向美国海军陆战队切利波音特航空站派遣飞行学员，而是采用了在维特宁空军基地租用"鹞"GR.Mk3 型机飞行模拟器的办法。当然，西班牙的 EAV-8B 飞行模拟器也曾被英国皇家空军 GR.Mk5 型机的飞行员所使用。根据 1990 年签署的三方备忘录，西班牙接收了 8 架"鹞"式 II+ 型机和 1 架 TAV-8B 型双座教练机。剩下的 10 架 AV-8B 型机将会升级成同样的型号。

西班牙的"鹞"式部队

第 8 飞行中队是最早拥有西班牙海军"斗牛士"战机的单位。美国海军陆战队收回 AV-8A 型机之后，该中队就担负起了培训西班牙"鹞"式战机飞行员的责任。第 8 飞行中队原本有希望接收装备了雷达的 EAV-8B 型机，但是 1996 年 10 月 24 日，该中队解散。剩余的 7 架 AV-8S 和 2 架 TAV-8S 型机转到了泰国皇家海军手中。1987 年 9 月 29 日，第 9 飞行中队在罗塔组建，下辖 EAV-8B 型战机。从 1987 年 10 月到 1988 年 9 月，EAV-8B 型机交付完毕，第 9 飞行中队进行了大量测试。1989 年，该中队执行首次任务，与"海王"中队、"贝尔 212"中队组成 A 舰载机空中飞行大队。第 008 飞行中队的 EAV-8A 与 4 架 AV-8A、8 架第 9 飞行中队的 EAV-8 型机部署在"阿斯图里亚斯亲王"号轻型航空母舰上。自 1994 年开始，为了引进装备 APG-

下图：西班牙的 AV-8B 型战机侧视图。

西班牙"阿斯图里亚斯王子"号航空母

为了替代"迪达罗"号航空母舰（前美国海军"独立"级轻型航空母舰"卡伯特"号），从1986年起，西班牙海军开始执行1977年6月29日确定的一项造船合同，建造使用燃气涡轮推进系统的新型航空母舰。该艘航空母舰由美国纽约吉布斯—考克斯公司设计，在业已取消的美国海军"海上控制舰"的设计基础上发展而来。它最初命名为"加利洛·布兰克海军上将"号，但在临近下水之前更名为"阿斯图里亚斯王子"（Principe de Asturias）号。该舰在很多方面与英国3艘"无敌"级轻型航空母舰相似。

缓慢的建造进程

"阿斯图里亚斯王子"号航空母舰于1979年10月8日在巴赞公司费罗尔造船厂开始铺设龙骨，1982年5月22日下水，1988年5月30日编入海军服役。该舰从开始下水到最终服役，前后历时6年，这一过程之所以旷日持久，是因为需要对指挥与控制系统不断进行改进，以及增加一座司令舰桥以满足担当指挥舰的需要。

下图：西班牙海军"阿斯图里亚斯王子"号航空母舰的机库位于舰艉，与两台飞机升降机之中的一台相连接。请注意，该艘航空母舰两侧和尾部是4套"梅洛卡"近战武器系统，每套系统拥有12管20毫米口径火炮。

"阿斯图里亚斯王子"号的飞行甲板长175.3米，宽29米，舰艏位置安装一部12°倾角的滑跃式飞行跳板。此外，该舰还配置两台飞机升降机，其中一台位于舰艉。升降机主要用来将飞机（包括固定翼飞机和偏转翼飞机）从2300平方米的机库内提升到飞行甲板之上。

为了组建"阿斯图里亚斯王子"号上的舰载机联队，西班牙政府购买了SH-60B"海鹰"反潜直升机和EAV-8B（VA.2）"鹞"Ⅱ型垂直/短距起降多用途飞机（从1996年年初开始，装备雷达的"鹞"Ⅱ+型飞机开始交付）。通常情况下，该艘航空母舰配置24架舰载机，但在紧急情况下，借助飞行甲板上的停机坪可以增加到37架。舰载机的标准配置是：6~12架AV-8B型战斗机，2架SH-60B型直升机，2~4架AB-212型反潜直升机，6~10架SH-3H"海王"直升机。

先进的电子系统

"阿斯图里亚斯王子"号航空母舰配置了相当先进的舰载电子系统，其中包括"特里顿"全数字化指挥与控制系统、连接11号和14号数据链的数据传输/接收终端的海军战术显示系统、海空监视雷达、飞机和舰炮控制雷达以及电子和物理对抗系统。此外，该艘航空母舰还搭载了两艘车辆人员登陆艇。为了确保恶劣天气条件下的正常航行，还加装了两对稳定鳍。

右图："阿斯图里亚斯王子"号航空母舰拥有一条全通式飞行甲板，在舰艏还配置了一台滑跃式跳板，专门用来起飞战斗载荷重的"鹞"Ⅱ型战斗机。

65 型雷达的"鹞"式 II+ 型攻击机，第 9 飞行中队的一些飞行员被派往空军积累驾驶 F/A-18 的经验。

"鹞"式战机在意大利

1967 年 10 月，霍克·西德利公司试飞员休·米尔威瑟驾驶"鹞"式战机在意大利海军"安德烈亚·多里亚"号航空母舰上成功降落。这时，意大利才开始考虑采购"鹞"式战机的可行性，并制定了一个 24 架飞机的补偿交易方案，其中在英国制造 6 架"鹞"GR. Mk50 型机，44 架以许可证方式在意大利生产或组装。然而，因意大利空军的反对和资金短缺问题，该方案最终胎死腹中。当新型航空母舰"朱塞佩·加里波底"号在 1983 年下水后，我们可以清楚地看出，该舰是专门为直升机和短距垂直起降的固定翼机型设计的，安装了一条角度为 6°39′ 的滑跃式起飞甲板，这比意大利海军采购"鹞"式战机要早出很长时间。为了转移公众舆论对海军的过多关注度，一开始，意大利海军称该滑跃式起飞甲板专门用来保护飞行甲板免受过多照射。同时，该舰还可以横跨甲板部署美国海军陆战队的 AV-8B 战机和英国皇家海军的"海鹞"攻击机。

经过对"海鹞"和"鹞"式 AV-8B 型战机的评估，意大利海军得到政府的批准，决定装备固定翼战机，并于 1989 年 5 月立刻订购了 2 架 TAV-8B 型教练机。与此同时，意大利

左图：意大利和西班牙拥有最新式的 AV-8B。两国都将该飞机主要用于空中防御。

上图：与狼头队徽相一致，这架"鹞"Ⅱ+型攻击机的尾翼标志是一个狼爪。意大利共订购了16架"鹞"Ⅱ+型战斗机，而TAV-8B型教练机则换装了发动机。

右图：意大利的TAV-8B型教练机从美国海军陆战队购得。同样，西班牙也计划装备TAV-8B型双座教练机。意大利的"鹞"式战机隶属第1飞行大队，该大队驻地格罗塔列，距离南部的塔兰托海军基地很近。意大利海军的2架TAV-8B型教练机于1991年8月交付。

意大利海军航空兵

由于意大利空军的阻挠，意大利海军航空兵一直无缘拥有属于自己的固定翼飞机，这种情况一直延续到新法案通过的1989年1月29日。事实上，意大利这两个军种之间的争执甚至可以追溯到第二次世界大战前。在拥有"鹞"式战机之前，意大利海军能使用的舰载机只有AH-3D"海王"直升机和AB212型直升机。

意大利的航空母舰

意大利海军唯一的轻型航空母舰"朱塞佩·加里波底"号于1981年3月铺设龙骨，1983年6月下水，1985年服役。作为排水量1万吨级的旗舰（吨位是英国皇家海军"无敌"级航空母舰的一半），"朱塞佩·加里波底"号航空母舰装备了"特赛奥"Mk2型反舰导弹、"阿斯派德"地对空导弹、40毫米口径舰炮和Mk46型反潜鱼雷。舰载1支飞行大队，可搭载16架"鹞"式战机或18架SH-3D型直升机。通常情况下，上述两种机型互相搭配执行任务。

TAV-8B "鹞" II型教练机

1988年5月，由于要在美国进行飞行员培训，意大利订购了两架TAV-8B型教练机，正式加入了"鹞"式战机俱乐部。紧接着，意大利又购买了16架"鹞"式II+型攻击组成一支一线飞行中队。1991年8月，TAV-8B型教练机交付使用，据称耗资达每架2500万美元。该架飞机涂有海军陆战队第1航空大队的标志，基地位于格罗塔列。

TAV-8B的改变

作为交付美国海军陆战队和意大利海军的"鹞"式战机的双座教练机，TAV-8B型机的前部机身比AV-8B型机延长了1.2米。为了补偿重心的变化，尾翼也加长了0.43米。该机型携载的燃油量没有变化，但翼下挂架减少为翼下每侧2个挂点。

海军派出一批飞行员前往美国受训。1990年，意大利签署了一份16架"鹞"式II+攻击机的订单。1994年4月20日，首批3架飞机从美国海军陆战队的配额中划出来，在海军陆战队切利波音特基地交付训练。1994年，两架TAV-8B型机重新装配了F402-RR-408型发动机，以提高高温、高海拔条件下的飞机性能。

意大利海军的"鹞"式教练机

1991年，意大利海军的TAV-8B型教练机在格罗塔列的新基地交付使用。该型机进行了多次舰载飞行，与舰载直升机就协同作战进行磨合。1994年12月3日，首批美国制造的AV-8B型机交付，飞至五月港附近的"朱塞佩·加里波底"号航空母舰之上。一个月之后的1995年1月18日，"朱塞佩·加里波底"号航空母舰从塔兰托出发（舰载3架美制单座战斗机），前去支援联合国在索马里的军事行动。其间，舰载战斗机执行多次高空掩护和侦察任务，实践证明了该型飞机可靠耐用、易于维护，其装备的ABG-65型雷达还可用于地面制图、空中控制和交通管制。1995年3月22日，该中队返回格罗塔列。

上图："加里波第"号航空母舰前甲板停放的是一架意大利TAV-8B型教练机。该艘航空母舰可上载16架"鹞"式战机或者最多18架SH-3型直升机。

3 机载武器

空对空导弹

AIM-7F "麻雀"导弹

AIM-7F SPARROW

AIM-7 "麻雀"系列空对空导弹由美国雷声公司和通用动力公司开发，它是一种远程、具备格斗能力的武器系统，目前仍广泛地在北约国家空军中服役。与以往的"麻雀"导弹相比，F型改进了固体推进引擎，使用两台火箭引擎，具备更远的射程，同时使用了固态电子元件和更大的弹头。

原产地：美国	重量：230千克
弹体直径：200毫米（不含控制舵面）	弹体长度：3.70米
弹头重量及类型：40千克高爆杀伤弹头	舵面翼展：810毫米
射程：50千米	制导方式：半主动雷达引导

AIM–132 "阿斯拉姆" 导弹
AIM–132 ASRAAM

AIM-132先进近程空对空导弹（"阿斯拉姆"）是由英国开发的导弹系统，主要用于替换皇家空军装备的 AIM-9 "响尾蛇" 导弹。该导弹并未采用最新的推力矢量控制系统，而采用传统气动控制舵面（弹尾四片三角形尾翼）。目前，该导弹已在英国皇家空军中服役。

产地：英国	重量：100千克
弹体直径：168毫米（不含控制舵面）	弹体长度：2.73米
弹头重量及类型：10千克高爆杀伤弹头	舵面翼展：450毫米
射程：0.3～15千米	制导方式：红外、捷联式惯性导航引导

AIM-9J "响尾蛇" 导弹
AIM-9J SIDEWINDER

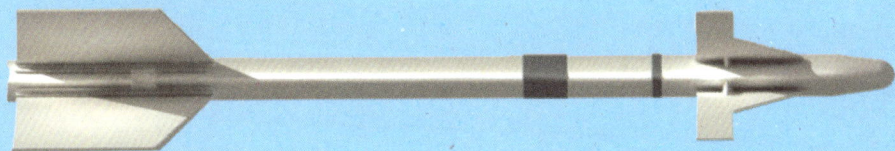

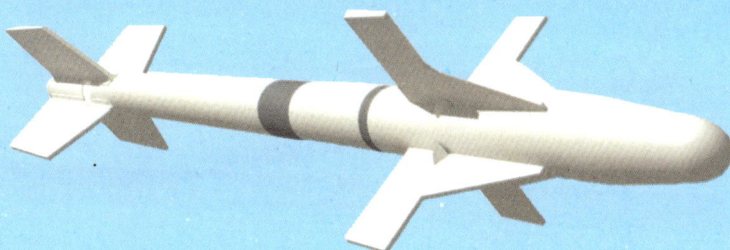

自其诞生的 50 年来，AIM-9 "响尾蛇" 系列导弹就是北约多国空军的标准近程空对空导弹，也是目前使用的最为广泛的一种导弹，其各种型号遍布世界。但是 AIM-9 早期型号性能并不强，该系列中真正具备格斗能力的是 AIM-9J 型，最初装备于越南战争期间，在对抗越南空军的米格-21 战机时取得较好效果。

原产地：美国	重量：91千克
弹体直径：127毫米（不含控制舵面）	弹体长度：2.85米
弹头重量及类型：9.4千克高爆杀伤弹头	舵面翼展：630毫米
射程：1~18千米	制导方式：红外引导

AIM-9L "响尾蛇" 导弹
AIM-9L SIDEWINDER

AIM-9L 是"响尾蛇"导弹家族中第一种具备全向发射攻击能力的型号，甚至能对迎头而来的战机实施跟踪攻击。这一型号的攻击能力与其以往相比，有了极大提高。1982 年，英国皇家空军"鹞"式战斗机使用该型导弹在马岛战争中取得非常好的战果。

原产地：美国	重量：91千克
弹体直径：127毫米（不含控制舵面）	弹体长度：2.85米
弹头重量及类型：9.4千克高爆杀伤弹头	舵面翼展：630毫米
射程：1～18千米	制导方式：红外引导

AIM-9M "响尾蛇" 导弹
AIM-9M SIDEWINDER

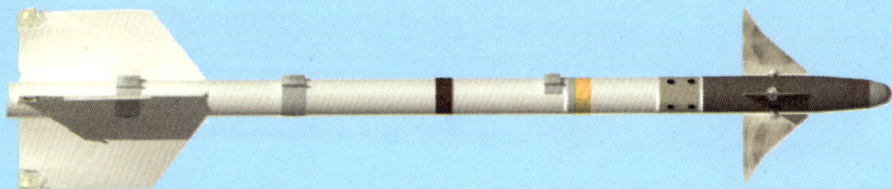

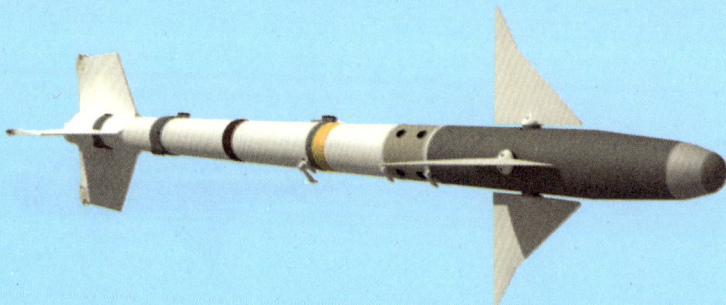

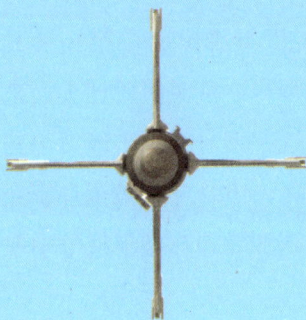

AIM-9M 型导弹继承了 L 型的所有性能，也包括全向攻击能力，此外导弹的其他性能也得到不同程度的全面提升，其对红外诱饵弹的抗干扰能力增强，并换用了新的低烟火箭引擎。AIM-9M 型导弹在其服役年限内，还易于进一步改进以应付新的干扰和威胁。

原产地：美国	重量：91千克
弹体直径：127毫米（不含控制舵面）	弹体长度：2.85米
弹头重量及类型：9.4千克高爆杀伤弹头	舵面翼展：630毫米
射程：1~18千米	制导方式：红外引导

AIM-9P "响尾蛇"导弹
AIM-9P SIDEWINDER

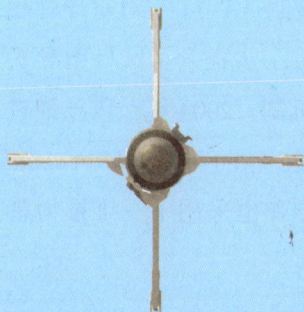

以 AIM-9J 型导弹为基础，最终衍生出了 AIM-9P 系列空对空导弹，目前，共有五种型号的 AIM-9P 导弹在役。在性能上，P 型具备 L 型的全向攻击能力，并提升了弹头引信的性能。一家德国公司还开发出改装套件，可迅速将 J 型的制导和控制系统性能指标升级为与 P 型标准相同的导弹。

原产地：美国	重量：91千克
弹体直径：127毫米（不含控制舵面）	弹体长度：2.85米
弹头重量及类型：9.4千克高爆杀伤弹头	舵面翼展：630毫米
射程：1~18千米	制导方式：红外引导

AIM-9X "响尾蛇" 导弹
AIM-9X SIDEWINDER

AIM-9X 导弹是"响尾蛇"家族中较新的型号，它也被认为是与俄制 AA-11 空对空导弹相匹敌的导弹，该型号进一步提升了红外引导头的性能和抗红外干扰机制。2003 年，该导弹进入美国空军服役，目前装备在 F-15C 和 F/A-18E/F 等多型战机上。该导弹也采用了三维推力矢量控制舵面。

原产地：美国	重量：91千克
弹体直径：127毫米（不含控制舵面）	弹体长度：3.02米
弹头重量及类型：9.4千克高爆杀伤弹头	舵面翼展：445毫米
射程：1~40千米	制导方式：红外引导

AIM-120 "阿姆拉姆" 导弹
AIM-120 AMRAAM

AIM-120先进中程空对空导弹（"阿姆拉姆"）是一种先进的越视距中远程空对空导弹系统，它具备全天候、昼 / 夜使用能力。未来，这种导弹将逐步替换北约等国空军所装备的老式 AIM-7 "麻雀" 中程导弹。它的尺寸、重量比 AIM-7 更小，但速度更快，对低空飞行目标也有较高的命中率。

原产地：美国	重量：152千克
弹体直径：178毫米（不含控制舵面）	弹体长度：3.66米
弹头类型：高爆杀伤弹头	舵面翼展：526毫米
射程：48千米	制导方式：惯性导航、主动雷达引导

"流星"导弹
METEOR

"流星"导弹系统是由欧洲 MBDAS 集团开发的主动雷达引导的超视距空对空导弹，主要用于配备 EF-2000 "台风"战斗机和欧洲国家装备的其他先进战斗机。该导弹可在复杂电磁干扰环境中使用，使用冲压式喷气引擎，并具备针对灵活目标的多发攻击能力。

原产地：英/法/德/意	重量：185千克
弹体直径：178毫米（不含控制舵面）	弹体长度：3.65米
弹头类型：高爆杀伤弹头	舵面翼展：不详
射程：100千米以上	制导方式：中段惯性导航、末端主动雷达引导

"米卡"-RF导弹

MICA RF

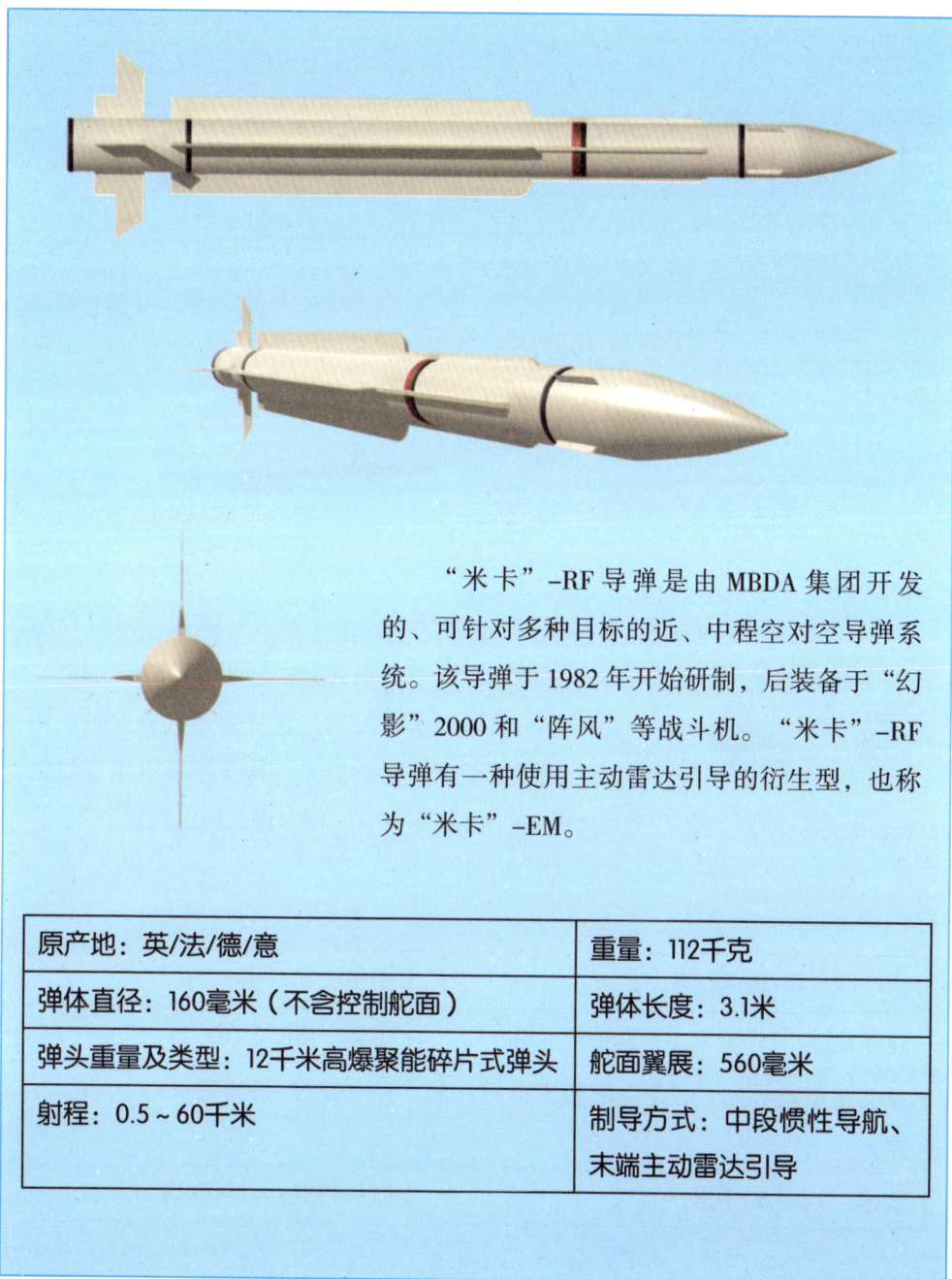

"米卡"-RF导弹是由 MBDA 集团开发的、可针对多种目标的近、中程空对空导弹系统。该导弹于 1982 年开始研制，后装备于"幻影" 2000 和"阵风"等战斗机。"米卡"-RF导弹有一种使用主动雷达引导的衍生型，也称为"米卡"-EM。

原产地：英/法/德/意	重量：112千克
弹体直径：160毫米（不含控制舵面）	弹体长度：3.1米
弹头重量及类型：12千米高爆聚能碎片式弹头	舵面翼展：560毫米
射程：0.5~60千米	制导方式：中段惯性导航、末端主动雷达引导

"米卡"–IR导弹

MICA IR

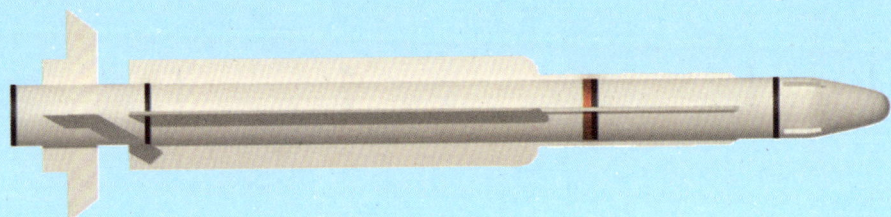

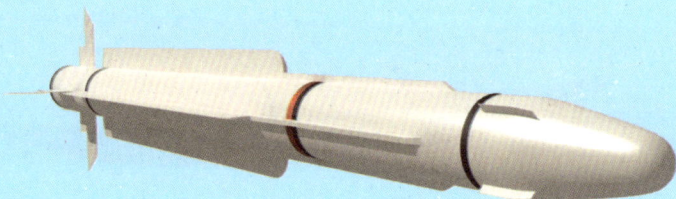

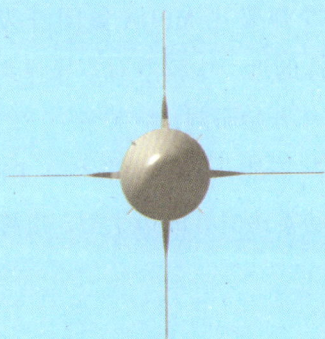

  "米卡"–IR是"米卡"系列导弹红外引导型号。该系列导弹除由战机在空中发射外，还可由地面平台发射。该导弹还具有发射后再探测、锁定目标的能力，这意味着可事先发射导弹，由其到空中后再探测、锁定目标。

原产地：英/法/德/意	重量：112千克
弹体直径：160毫米（不含控制舵面）	弹体长度：3.1米
弹头重量及类型：12千克高爆聚能碎片式弹头	舵面翼展：560毫米
射程：0.5~60千米	制导方式：红外引导

"西北风"导弹
MISTRAL

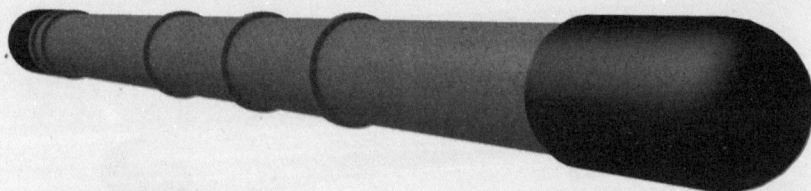

"西北风"导弹由欧洲 MBDA 集团开发，最初是一种近程便携式防空导弹，后来的改型亦可由直升机、装甲车、各型战机发射。空基发射时，一部载具可装填6枚导弹。

原产地：英/法/德/意	重量：29.5千克
弹体直径：90毫米（不含控制舵面）	弹体长度：1.86米
弹头类型：高爆杀伤弹头	舵面翼展：不详
射程：5.3千米	制导方式：红外引导

IRIS-T导弹

IRIS-T

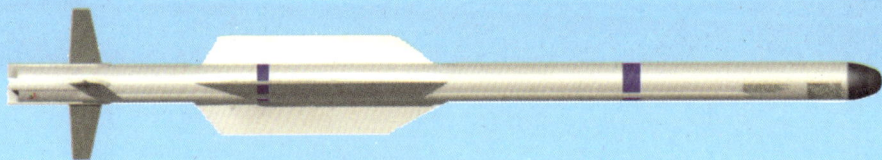

红外制导空对空（IRIS-T）导弹是欧洲多国以德国为首开发的近程空对空导弹，用于替换 AIM-9"响尾蛇"导弹。德国原本与英国联合开发 AIM-132 导弹，后因两国在 AIM-132 采用推力矢量控制系统上未能达成一致，从而德国退出，转而开发 IRIS-T。

原产地：德国为主的研发集团	重量：87.4千克
弹体直径：127毫米（不含控制舵面）	弹体长度：2.936米
弹头类型：高爆杀伤弹头	舵面翼展：447毫米
射程：25千米	制导方式：红外引导

马特拉R550"魔术"导弹
MATRA R550 MAGIC

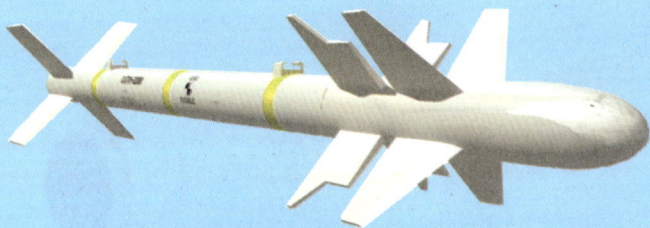

马特拉 R550 "魔术" 导弹最早研制于 20 世纪 60 年代末，是一种近程空对空导弹。1976 年该导弹进入法国空军现役。法空军装备的"超级军旗"攻击机、"幻影"2000 和"阵风"战斗机都可使用该导弹。此外，不少采购过法国军用战机的国家也拥有这种导弹。目前，该导弹已逐渐被 MBDA 集团的"米卡"近程导弹所取代。

原产地：法国	重量：89千克
弹体直径：157毫米（不含控制舵面）	弹体长度：2.72米
弹头重量及类型：13千克高爆杀伤弹头	舵面翼展：不详
射程：0.3～15千米	制导方式：红外引导

空对地导弹及弹药

AGM–65 "幼畜" 导弹

AGM–65 MAVERICK

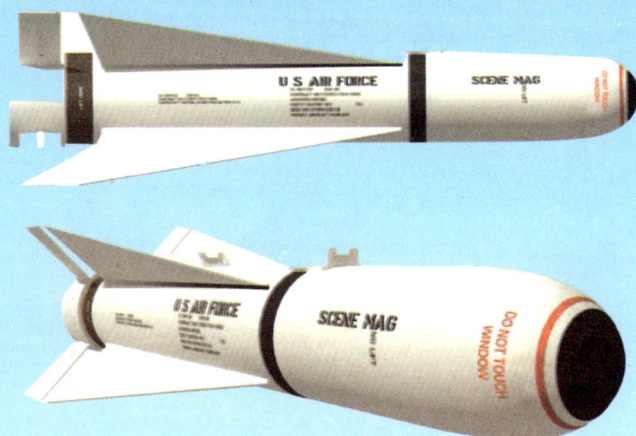

AGM–65 "幼畜"（又译为"小牛"）系列空对地导弹，自问世以来已发展为包含多个采用不同制导方式改型的空对地导弹家族，被美国三军及多个国家军队所采用。早期型号采用电视制导，后来相继出现了红外、激光制导的型号。该导弹一旦发射后，即自动锁定目标。

原产地：美国	重量：211～304千克
弹体直径：300毫米（不含控制舵面）	弹体长度：2.49米
弹头重量及类型：57千克的中空或140千克高爆战斗部	舵面翼展：710毫米
射程：28千米	制导方式：光电成像、红外或激光制导

AGM-78 "标准"导弹
AGM-78 STANDARD ARM

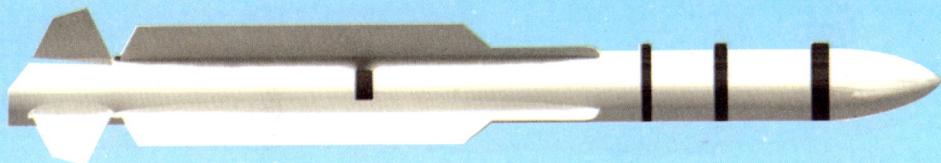

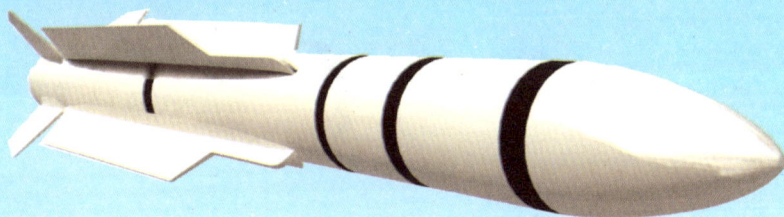

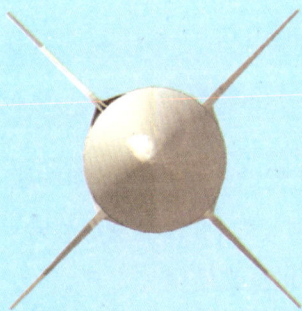

该导弹是一种空基发射的反辐射导弹，由美国通用动力公司以 RIM-66 地对空导弹为基础开发，用于取代越战时期广泛使用的"百叶鸟"式反辐射导弹。AGM-78 反辐射导弹是美国空用飞机配备的主要反辐射防空压制导弹系统。

原产地：美国	重量：355千克
弹体直径：254毫米（不含控制舵面）	弹体长度：4.1米
弹头类型：高爆定向杀伤弹头	舵面翼展：1010毫米
射程：106千米	制导方式：被动雷达引导

AGM-86C巡航导弹

AGM-86C

　　AGM-86B/C 空射巡航导弹是为提升老式 B-52 轰炸机的战场生存率和作战效能而开发的。美军 B-52H 型轰炸机共可挂载 20 枚该型导弹（8 枚机身负载舱、两侧主翼下挂架各挂载 6 枚）。后来，也可由其他轰炸机挂载使用。

原产地：美国	重量：1429千克
弹体直径：620毫米（不含控制舵面）	弹体长度：6.35米
弹头重量及类型：重1400千克，AGM-86B为核弹头，C型为常规高爆弹头	舵面翼展：3.65米
射程：1100千米（B型）	制导方式：惯性+GPS制导

AGM-88 "哈姆"导弹
AGM-88 HARM

　　AGM-88 "哈姆" （高速反辐射导弹）的开发是为了取代老式的 "百叶鸟" 和 AGM-78 反辐射导弹。导弹采用双级式无烟固体火箭引擎，最高速度可达2倍音速。目前，该导弹最新的改型为 AGM-88E 型 "先进反辐射制导导弹" （AARGM），由美、意联合开发和改进。

原产地：美国	重量：355千克
弹体直径：254毫米（不含控制舵面）	弹体长度：4.1米
弹头重量及类型：高爆弹头	舵面翼展：1100毫米
射程：106千米	制导方式：被动雷达引导

AGM-114 "地狱火"导弹
AGM-114 HELLFIRE

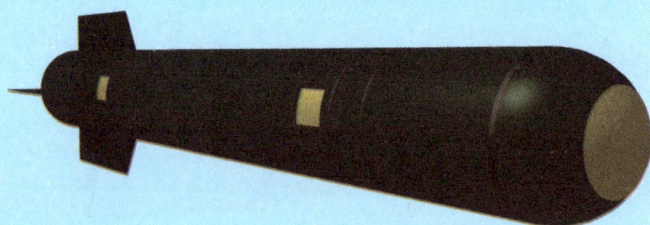

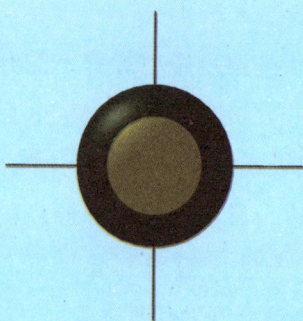

AGM-114 "地狱火"由最初的空对地导弹发展到后来的系列化导弹家族。它最初设计由武装直升机搭载，用以攻击地面装甲车辆或其他目标，后来被改装成多种型号，使用平台也扩展到固定翼战机、海上舰艇以及地面车辆。其较新的改型为"地狱火 II"，于 20 世纪 90 年代初开发，是一种模块化导弹系统。

原产地：美国	重量：45.4～49千克
弹体直径：178毫米（不含控制舵面）	弹体长度：1.63米
弹头类型：高爆杀伤弹头	舵面翼展：330毫米
射程：0.5～8千米	制导方式：半主动激光制导，或毫米波雷达引导

AGM-130导弹

AGM-130

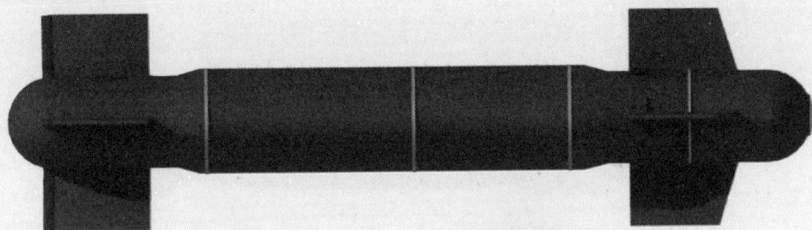

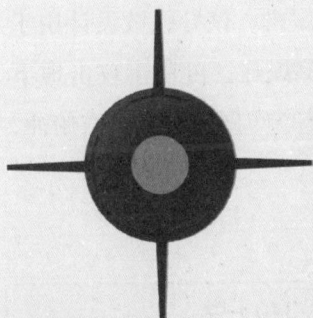

AGM-130空对地导弹本质上是由火箭引擎推进的GBU-15炸弹，它由波音公司开发。其最初的型号AGM-130A于1998年服役，使用惯性导航+GPS制导方式，在飞行途中可重新锁定目标。F-15E攻击机可挂载2枚该型导弹，后来还设计了可由F-16战机挂载的轻量化的AGM-130LW空对地导弹。

原产地：美国	重量：1323千克
弹体直径：380～460毫米（不含控制舵面）	弹体长度：3.92米
弹头重量及类型：240或430千克	舵面翼展：1500毫米
射程：60千米	制导方式：惯性+GPS制导

AASM导弹

AASM

AASM 近程空对地导弹是由法国研制的模块化武器系统，它于 2006 年正式服役。该导弹被设计用于穿透多层防护并在目标内部爆炸，可用于攻击地下目标。攻击时，导弹在弹道末端可跃起并从高空俯冲，以便获得更大的动能。

原产地：法国	重量：340千克
弹体直径：不详	弹体长度：3.10米
弹头重量及类型：250千米标准高爆弹头或钻地弹头	舵面翼展：不详
射程：15～60千米以上（取决于发射高度）	制导方式：GPS/惯性混合制导

AS-30L导弹

AS-30L

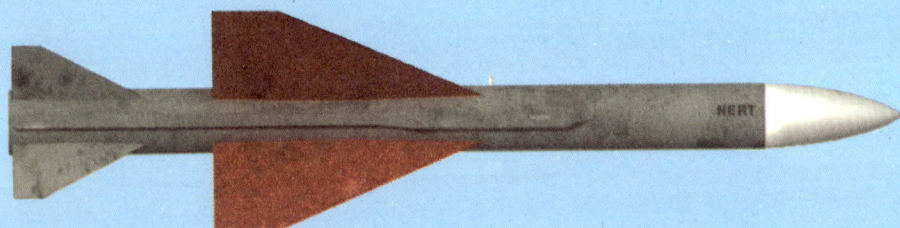

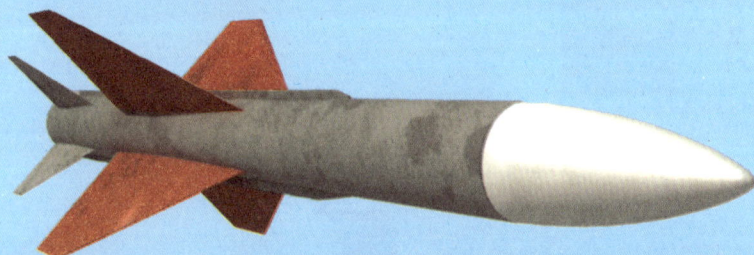

AS-30L 是由法国开发的近、中程空对地防区外激光制导导弹。1991 年海湾战争期间，参战的法国空军部队广泛使用"美洲虎"攻击机配备该导弹，对伊军目标实施打击。该型导弹亦被以色列和印度空军所采用。

原产地：法国	重量：520千克
弹体直径：340毫米（不含控制舵面）	弹体长度：3.7米
弹头重量及类型：240千克半穿甲高爆弹头	舵面翼展：1000毫米
射程：3~11千米（取决于发射高度）	制导方式：半主动激光引导

AGM-154联合防区外弹药（JSOW）

AGM-154 JSOW

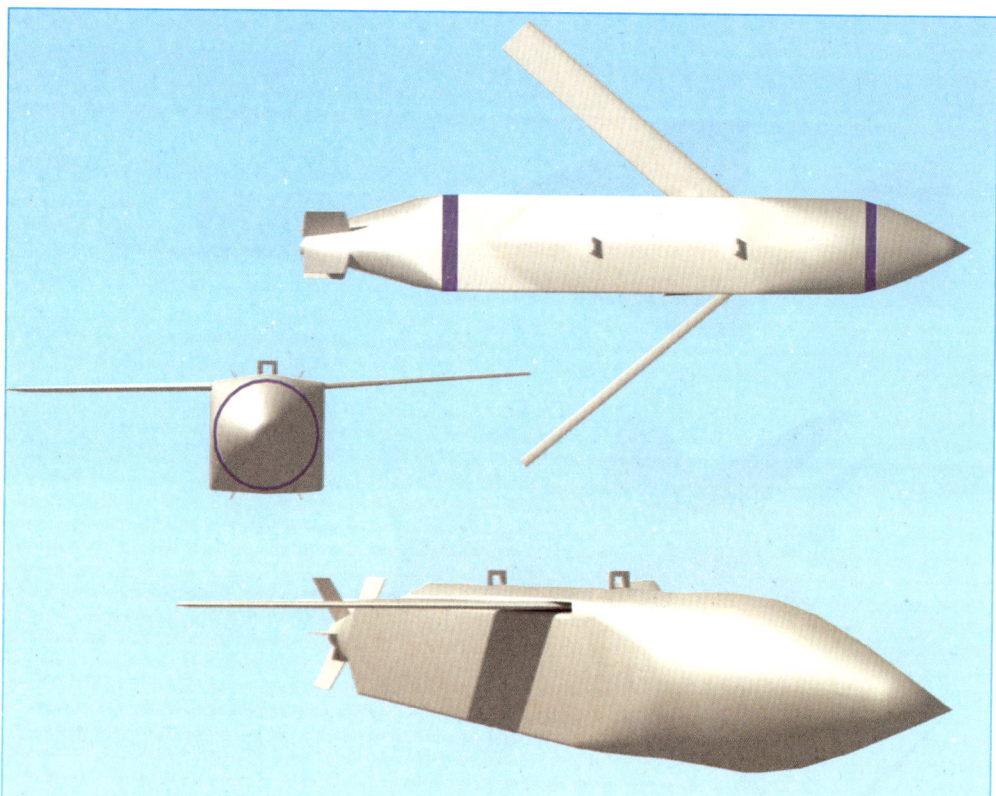

　　AGM-154 联合防区外弹药（JSOW）的开发，是为美国海军和空军提供一种中程的高精准防区外发射弹药。1999 年 12 月，该导弹开始量产，其后大量装备美国三军，并在巴尔干战争、全球反恐战争中广泛使用。

原产地：美国	重量：483～497千克
弹体直径：330毫米（不含控制舵面）	弹体长度：4.1米
弹头类型：多种弹头	舵面翼展：2700毫米
射程：22～130千米（取决于发射高度）	制导方式：惯性+GPS制导

AGM-158联合空对地防区外导弹（JASSM）
AGM-158 JASSM

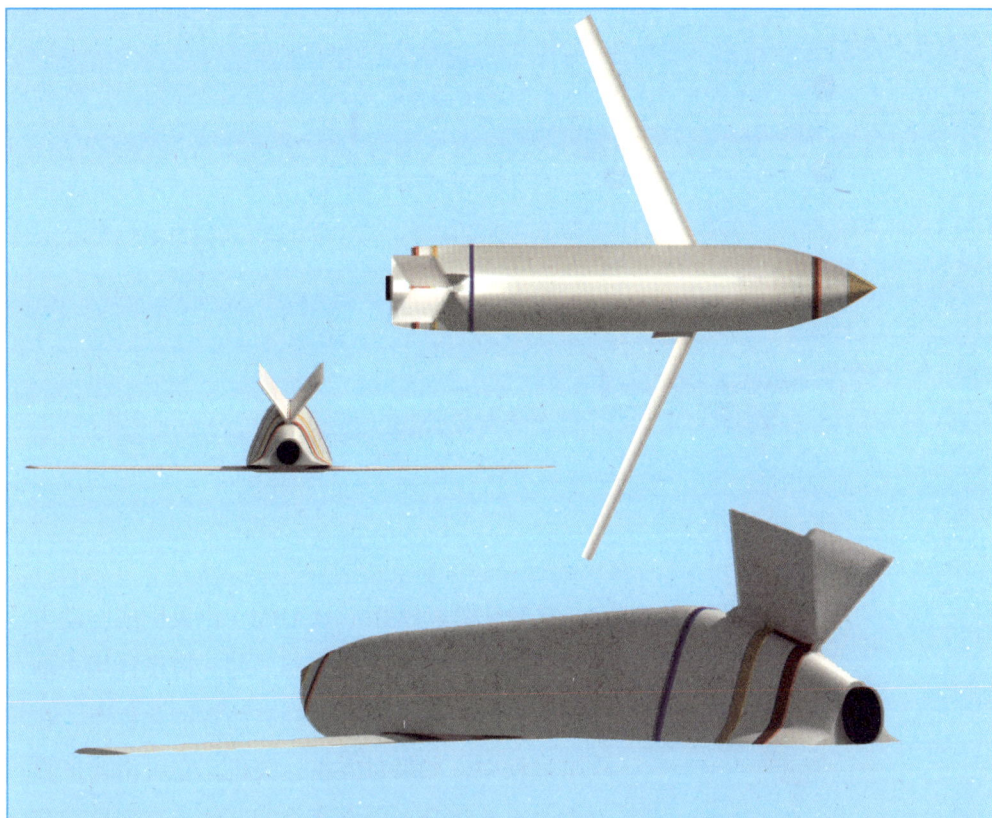

　　AGM-158 联合空对地防区外导弹（JASSM）使用涡轮喷气引擎，其外形采用隐形设计，现已广泛用于装备包括 B-2 在内的多种美国军用飞机。该导弹原定于 2001 年 12 月量产，但由于之前未通过项目评估，而导致量产延后。

原产地：美国	重量：975千克
弹体直径：不详	弹体长度：4.27米
弹头重量及类型：450千米侵彻式弹头	舵面翼展：2400毫米
射程：370千米以上	制导方式：惯性+GPS制导

空射反辐射导弹（ALARM）

ALARM

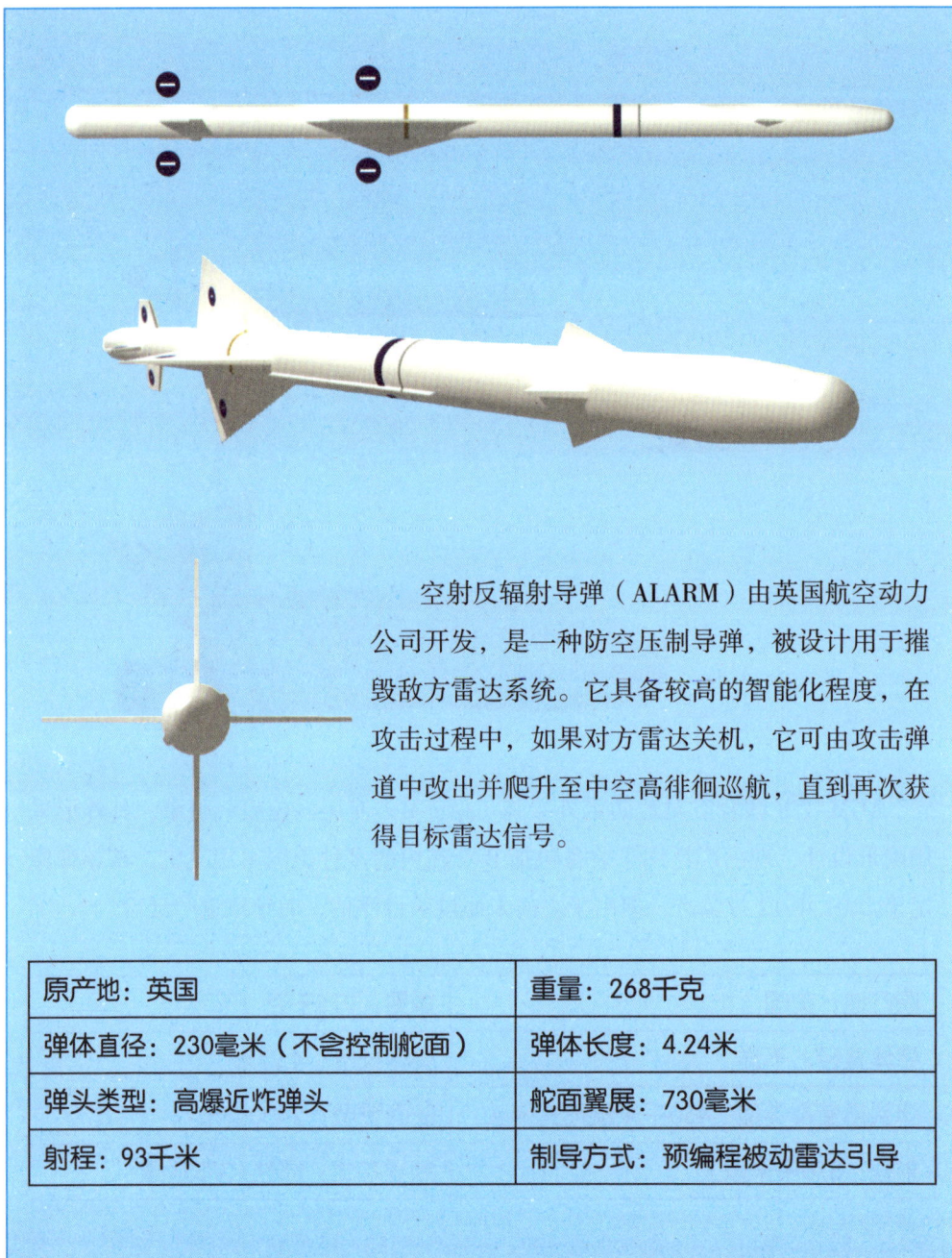

　　空射反辐射导弹（ALARM）由英国航空动力公司开发，是一种防空压制导弹，被设计用于摧毁敌方雷达系统。它具备较高的智能化程度，在攻击过程中，如果对方雷达关机，它可由攻击弹道中改出并爬升至中空高徘徊巡航，直到再次获得目标雷达信号。

原产地：英国	重量：268千克
弹体直径：230毫米（不含控制舵面）	弹体长度：4.24米
弹头类型：高爆近炸弹头	舵面翼展：730毫米
射程：93千米	制导方式：预编程被动雷达引导

"硫黄石"导弹
BRIMSTONE

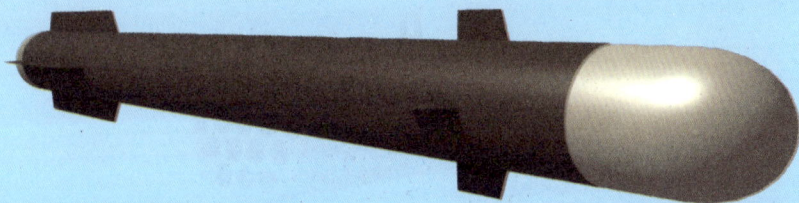

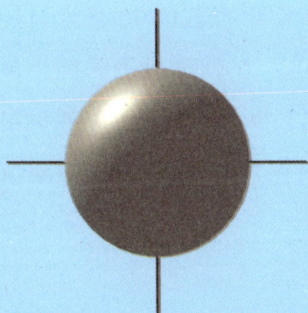

　　"硫黄石"空对地导弹是一种由欧洲多国开发的远程空射反装甲导弹，用于替代英国皇家空军的 BL755 集束炸弹，战机配备该导弹后可在防区外对装甲目标实施攻击。该导弹发射前由载机机组传输目标信息和攻击参数，发射后即自行锁定并攻击目标。

原产地：英/法/德/意	重量：48.5千克
弹体直径：178毫米（不含控制舵面）	弹体长度：1.8米
弹头类型：高爆反装甲弹头	舵面翼展：不详
射程：12千米	制导方式：惯性+主动雷达制导

LAU-68火箭巢

LAU-68

LAU-68 火箭巢最初是一种七管火箭发射装置，被设计来发射用于空中拦截的 70 毫米口径的折翼式火箭（FFAR）。在朝鲜战争时间，该火箭巢配备于洛克希德 F-94C "星战士" 战机主翼的翼尖。后来逐渐演化为现在的 19 管对地攻击火箭巢。

原产地：美国	
单枚火箭性能参数如下	
长度：1.2米	重量：8.4千克
翼展：不详	弹头重量：2.7千克
制导方式：无	射程：3400米

LAU-131火箭巢
LAU-131

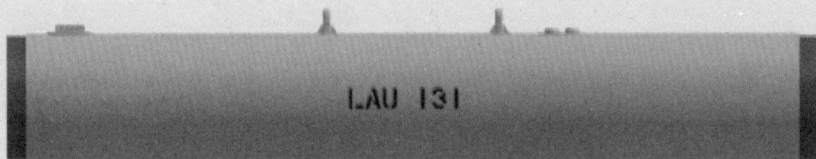

LAU-68 火箭巢主要供美国陆军和海军陆战队使用，与此同时，美国空军则开发了 LAU-131 火箭巢，该火箭发射装置能以单发或多发齐射的方式发射。该火箭巢由 7 根金属发射管组成，其外部由金属肋条固定，外覆铝制蒙皮。整个装置结构较简易，耐用性也很好（每根发射管可连续发射 32 次）。

原产地：美国	
单枚火箭性能参数如下	
长度：1.2米	重量：8.4千克
翼展：不详	弹头重量：2.7千克
制导方式：无	射程：3400米

"风暴阴影"巡航导弹
STORM SHADOW

　　"风暴阴影"导弹是由欧洲 MBDA 集团开发的隐形空基发射巡航导弹。它可由英国"狂风"GR4、意大利"狂风"IDS、瑞典"鹰狮"、EF2000"台风"以及法国"幻影"2000 和"阵风"等多种战机搭载使用。该导弹具备发射后不管能力，发射前预将目标参数输入弹体，其战斗部可采用多种弹头。

原产地：英/法/德/意	重量：1230千克
弹径：1660毫米	长度：5.1米
弹头重量：450千克	舵面翼展：2840毫米
射程：250千米以上	制导方式：惯性+GPS+地形匹配制导

"金牛座" KEPD350巡航导弹

TAURUS KEPD350

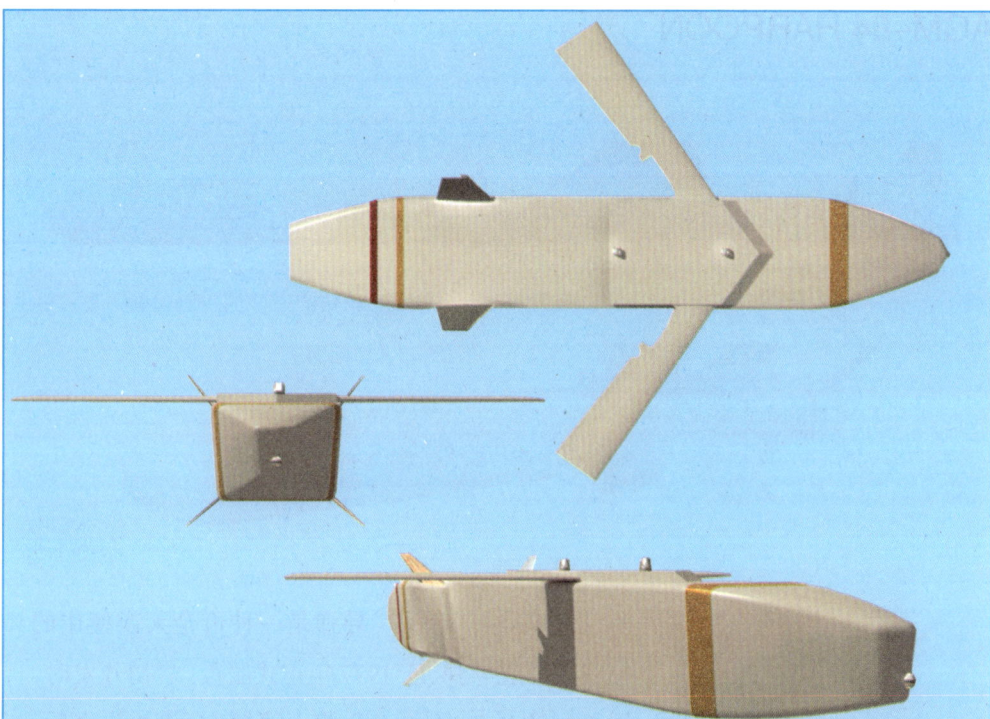

　　"金牛座" KEPD350 巡航导弹是一种空基发射的远程巡航导弹，它由德国和西班牙联合开发。弹体设计采用多项低可探测特征，其弹头可两次爆炸，撞击坚固目标后，前部装药首先定向爆炸，待后部装药进入目标内部后再引爆。攻击时导弹由中高空俯冲而下撞击目标，增大弹体穿透能力。

原产地：德国/西班牙	重量：1400千克
弹径：1080毫米	长度：5.1米
弹头重量：499千克多效应侵彻弹头	舵面翼展：2600毫米
射程：500千米以上	制导方式：GPS+地形匹配制导

反舰导弹

AGM-84"鱼叉"导弹
AGM-84 HARPOON

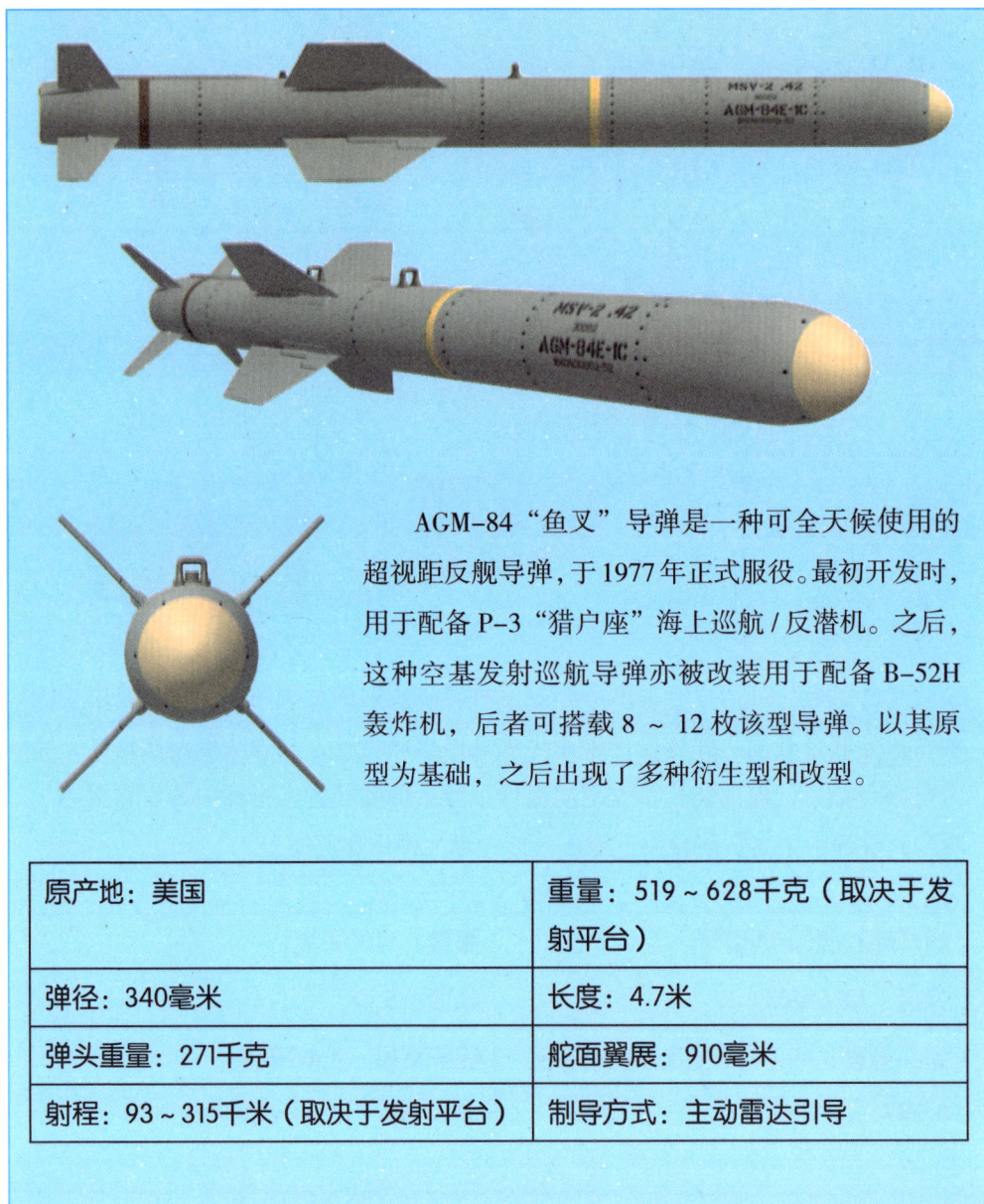

AGM-84"鱼叉"导弹是一种可全天候使用的超视距反舰导弹,于1977年正式服役。最初开发时,用于配备P-3"猎户座"海上巡航/反潜机。之后,这种空基发射巡航导弹亦被改装用于配备B-52H轰炸机,后者可搭载8～12枚该型导弹。以其原型为基础,之后出现了多种衍生型和改型。

原产地:美国	重量:519～628千克(取决于发射平台)
弹径:340毫米	长度:4.7米
弹头重量:271千克	舵面翼展:910毫米
射程:93～315千米(取决于发射平台)	制导方式:主动雷达引导

MM38 "飞鱼"导弹
EXOCET

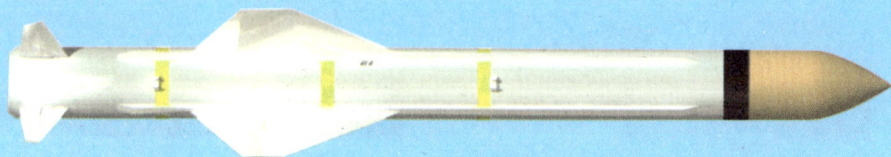

MM-38 "飞鱼"导弹是由法国开发的著名反舰导弹。空基型"飞鱼"导弹于 1974 年开发，1979 年装备法国海、空军。在 1982 年英阿马岛战争期间，仅拥有数枚该型导弹的阿根廷空军，利用"超级军旗"攻击机搭载此导弹，击沉了英国皇家海军"谢菲尔德"号驱逐舰和"大西洋运输者"运输船。

原产地：法国	重量：670千克
弹径：348毫米	长度：4.7米
弹头重量及类型：165千克高爆弹头	舵面翼展：1100毫米
射程：70～180千米	制导方式：惯性+主动雷达引导

"鸬鹚"导弹
KORMORAN

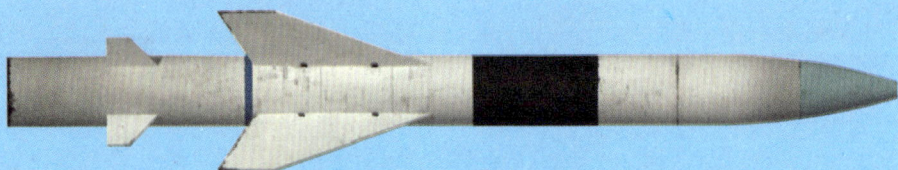

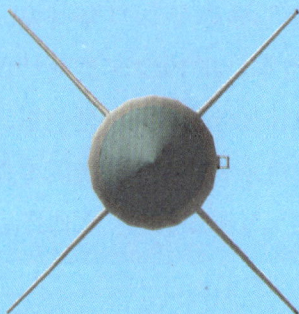

　　"鸬鹚"导弹由德国 EADS 公司开发，它是一种空基发射的反舰导弹，基于北方航空导弹项目而开发。"鸬鹚"导弹的研制于 1962 年启动，之后装备联邦德国空军的 F-104 战斗机，后继出现的更为先进的型号"鸬鹚 2"则装备德国国防空的"狂风"IDS 战机。

原产地：德国	重量：630千克
弹径：344毫米	长度：4.4米
弹头重量及类型：220千克高爆弹头	舵面翼展：1220毫米
射程：35千米	制导方式：惯性+主动雷达引导

"企鹅"导弹
PENGUIN

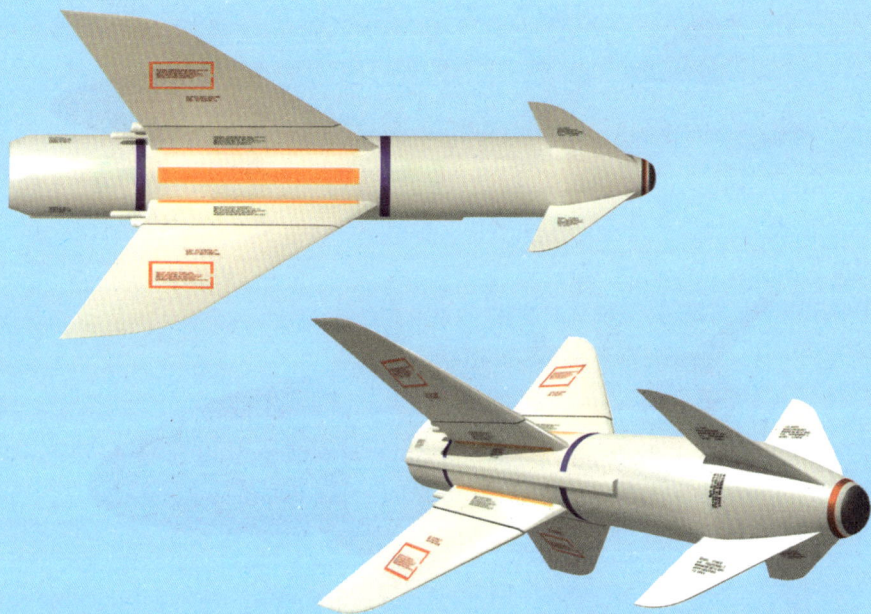

"企鹅"轻型反舰导弹由挪威康斯堡制造公司开发。该导弹主要有两种改型：舰基发射的 MKII 型，主要配备于快速攻击艇；空基发射的 MKIII 型，可由挪威空军的 F-16 战斗机挂载。该导弹目前在包括美国海军在内的 9 个国家军队服役，美国为其指定编号为 AGM-119。

原产地：挪威	重量：370千克
弹径：280毫米	长度：3.2米
弹头重量及类型：130千克高爆弹头	翼展：1000毫米
射程：55千米	制导方式：被动红外引导

RBS-15F导弹
RBS-15F ANTI-SHIP MISSILE

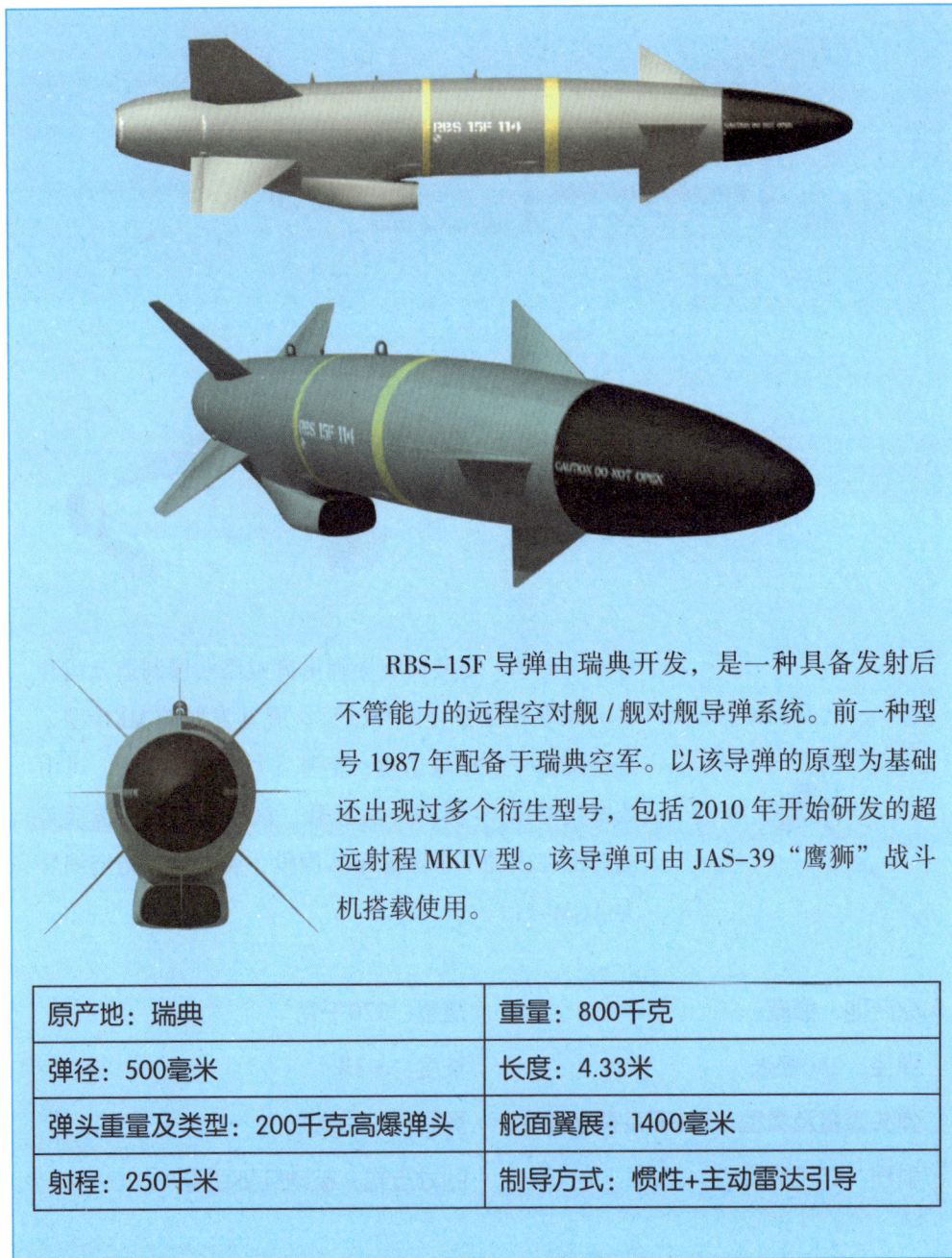

RBS-15F 导弹由瑞典开发，是一种具备发射后不管能力的远程空对舰 / 舰对舰导弹系统。前一种型号 1987 年配备于瑞典空军。以该导弹的原型为基础还出现过多个衍生型号，包括 2010 年开始研发的超远射程 MKIV 型。该导弹可由 JAS-39 "鹰狮" 战斗机搭载使用。

原产地：瑞典	重量：800千克
弹径：500毫米	长度：4.33米
弹头重量及类型：200千克高爆弹头	舵面翼展：1400毫米
射程：250千米	制导方式：惯性+主动雷达引导

AGM-84H "防区外陆攻导弹—扩展反应"（SLAM-ER）导弹

AGM-84H SLAM-ER

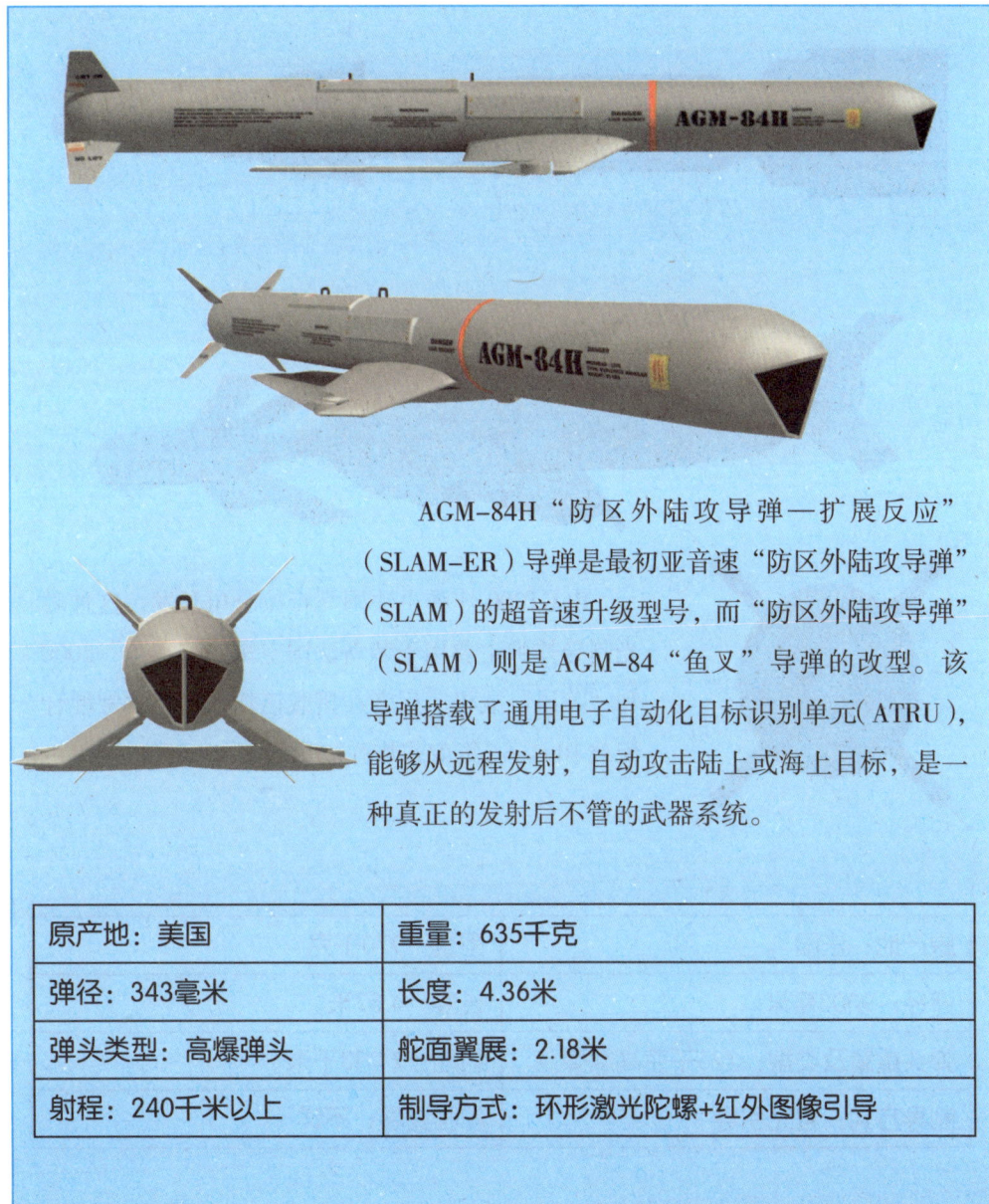

AGM-84H "防区外陆攻导弹—扩展反应"（SLAM-ER）导弹是最初亚音速 "防区外陆攻导弹"（SLAM）的超音速升级型号，而 "防区外陆攻导弹"（SLAM）则是 AGM-84 "鱼叉" 导弹的改型。该导弹搭载了通用电子自动化目标识别单元（ATRU），能够从远程发射，自动攻击陆上或海上目标，是一种真正的发射后不管的武器系统。

原产地：美国	重量：635千克
弹径：343毫米	长度：4.36米
弹头类型：高爆弹头	舵面翼展：2.18米
射程：240千米以上	制导方式：环形激光陀螺+红外图像引导

航空炸弹/制导炸弹

BLG1000激光制导炸弹
BLG1000

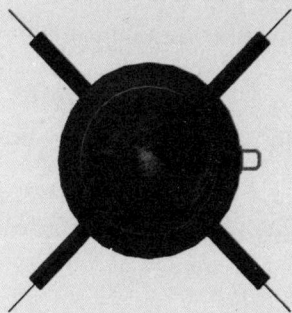

BLG1000炸弹由法国马特拉公司开发，这种激光制导炸弹主要用于装备法国空军的"幻影"2000和"阵风"战机。后者在搭载该炸弹时亦常常混合配载BLG-66集束式炸弹。

原产地：法国	重量：970千克	
弹径：9003毫米	长度：4.37米	
弹头重量及类型：226千克高爆弹头	射程：7~13千米	
制导方式：激光引导	舵面翼展：不详	

CBU–87联合效应弹药集束炸弹
GBU–87 COMBINED EFFECTS MUNITION

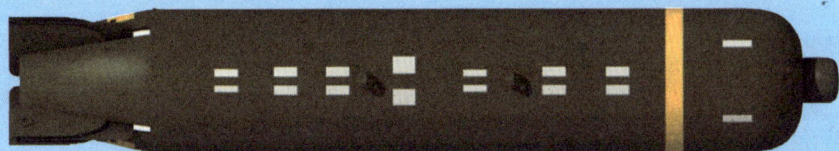

CBU-87联合效应弹药炸弹于1986年由美国杭尼韦尔等公司开发，它是一种集束式弹药，广泛为美国空军、海军所采用。1991年海湾战争期间，美国空中力量共投掷了10035枚这种弹药。该炸弹可由战机以任何速度在任何高度投掷。

原产地：美国	重量：430千克
弹径：390毫米	长度：2.36米
弹头类型：202枚穿甲子弹药	舵面翼展：无
射程：无	制导方式：无

M117炸弹

M117

M117是美国空军广泛装备和使用的空投无制导炸弹，它首次应用于20世纪50年代的朝鲜战争，1991年海湾战争期间，美国空军B-52轰炸机曾向伊军阵地和目标大量投掷该炸弹，数量达到4.46万枚。

原产地：美国	重量：340千克
弹径：408毫米	长度：2.16米
弹头类型：高爆弹头	舵面翼展：520毫米
射程：无	制导方式：无

GBU-10激光制导炸弹

GBU-10

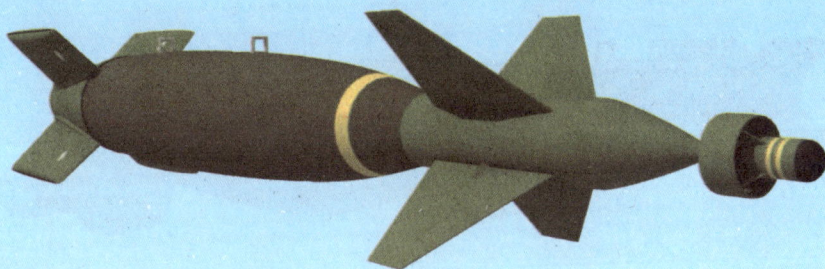

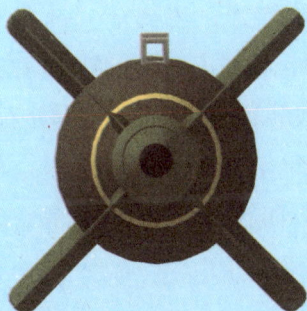

洛克希德·马丁公司与雷声公司开发的GBU-10炸弹，属于"铺路石II"系列激光制导炸弹，它基于Mk84通用炸弹，在其主部加装激光接收装置改装而成，后继又衍生出其他采用不同弹翼和GPS制导装置的型号。该制导炸弹目前仍为美国及前北约国家战机广泛使用。

原产地：美国	重量：906千克
弹径：460毫米	长度：3.84米
弹头类型：高爆弹头	舵面翼展：1490毫米
射程：14.8千米	制导方式：激光引导

GBU-12激光制导炸弹
GBU-12

　　GBU-12 激光制导炸弹，也属于"铺路石II"系列激光制导炸弹，它基于 Mk82 通用炸弹，在其主部加装激光接收装置改装而成。"铺路石"系列激光制导炸弹最早于 1976 年服役，至今仍被多个国家广泛使用，而其同样的激光制导套件亦可安装于 Mk83 通用炸弹上。

原产地：美国	重量：227千克
弹径：273毫米	长度：3.27米
弹头类型：高爆弹头	舵面翼展：1490毫米
射程：14.8千米	制导方式：激光引导

GBU-13激光制导炸弹

GBU-13

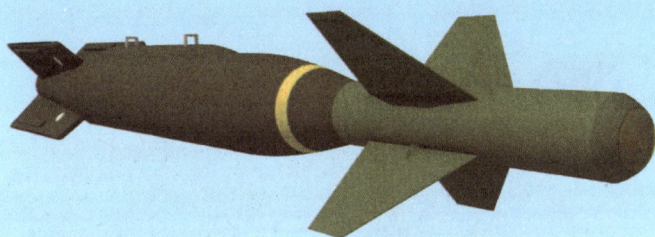

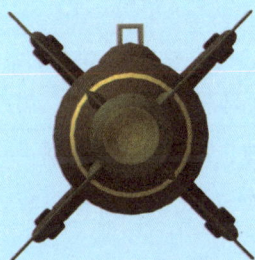

在美国军方正式编定的弹药编号序列中，并没有GBU-13这种弹药，但习惯上这一编号用于非官方指"铺路石"系列激光制导套件的Mk13普通炸弹。该激光制导炸弹最初配合英国皇家空军的"海盗"Mk2低空攻击机使用，后来"狂风"战斗轰炸机也能搭载使用。

原产地：美国/英国		重量：453千克	
弹径：457毫米		长度：4.32米	
弹头类型：高爆弹头		舵面翼展：490毫米	
射程：低空投掷1500米		制导方式：激光引导	

GBU-15电视制导炸弹

GBU-15

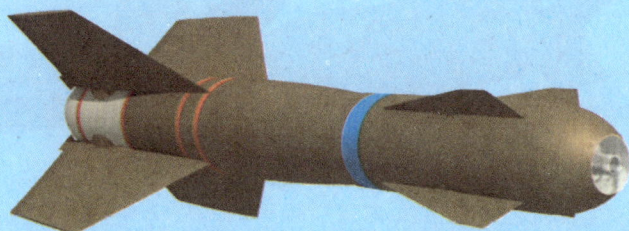

GBU-15是一种无动力的滑翔制导炸弹，用于摧毁高价值目标，可由F-15E攻击机搭载使用。以该弹为原型亦开发出远程反舰的型号，可由B-52轰炸机使用。发射前，机载武器控制人员选择目标，发射后根据导弹传回战场图像引导其飞往预定目标。

原产地：美国	重量：4400千克
弹径：457毫米	长度：3.9米
弹头类型：高爆弹头	舵面翼展：1500毫米
射程：9～28千米	制导方式：电视/红外成像引导

GBU-16激光制导炸弹

GBU-16

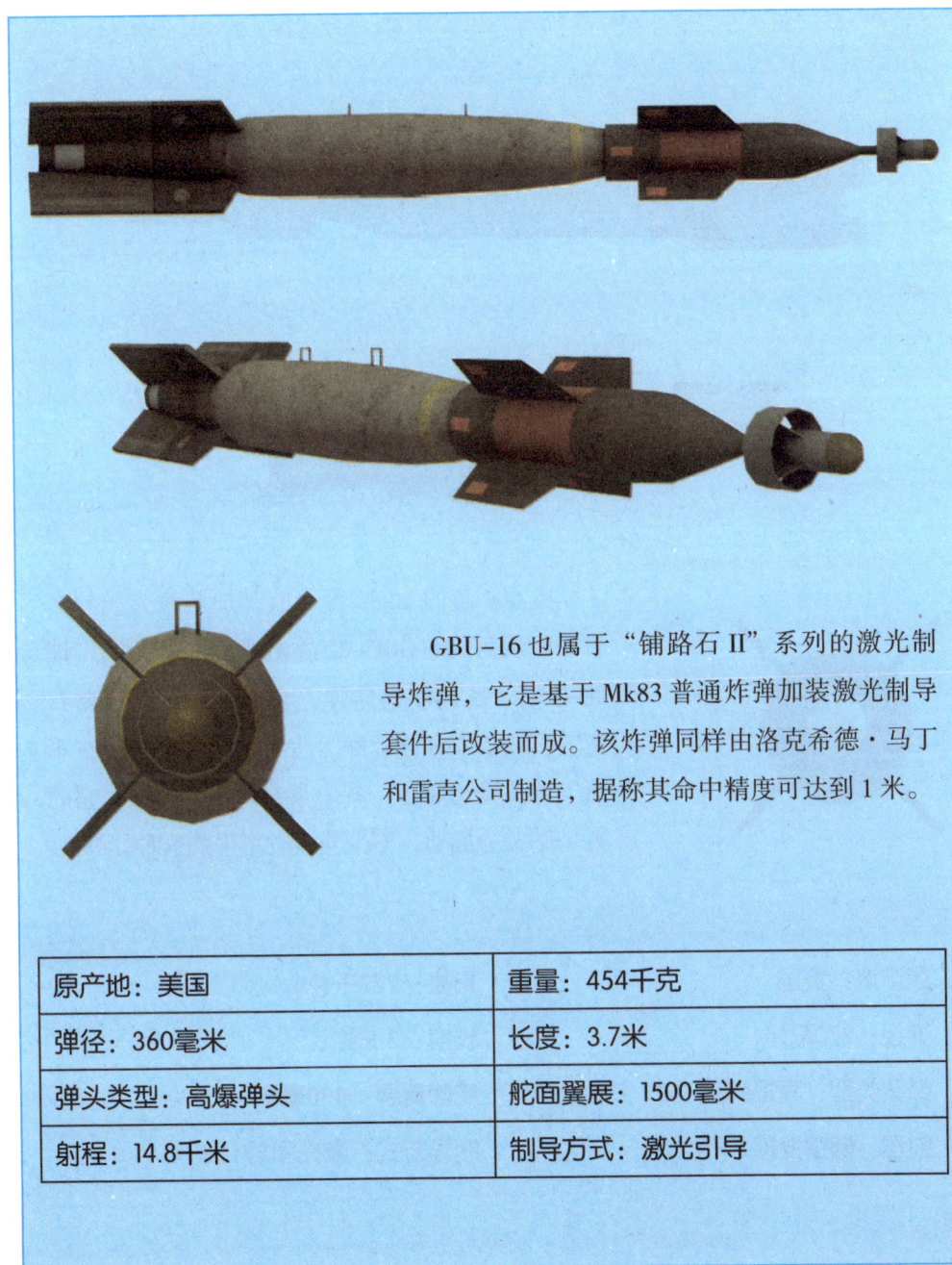

GBU-16 也属于"铺路石 II"系列的激光制导炸弹，它是基于 Mk83 普通炸弹加装激光制导套件后改装而成。该炸弹同样由洛克希德·马丁和雷声公司制造，据称其命中精度可达到 1 米。

原产地：美国	重量：454千克
弹径：360毫米	长度：3.7米
弹头类型：高爆弹头	舵面翼展：1500毫米
射程：14.8千米	制导方式：激光引导

GBU-22激光制导炸弹

GBU-22

由500磅的Mk82普通航弹加装激光制导套件后改装而成的GBU-22激光制导炸弹，属于"铺路石 III"系列制导炸弹，它也是以往"铺路石 II"系列导弹的更新替代产品。但由于美国空军嫌其弹头威力较小，并未大量采用；相反，它的外销则较为成功，不少外国空军采购这种炸弹。

原产地：美国	重量：227千克
弹径：270毫米	长度：3.5米
弹头类型：高爆弹头	舵面翼展：490毫米
射程：低空投掷3千米	制导方式：激光引导

GBU-24激光制导炸弹

GBU-24

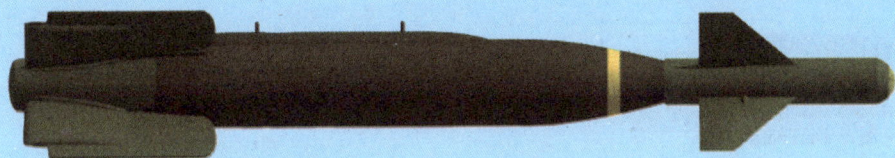

GBU-24 是由 2000 磅级的普通炸弹改装而成，属于"铺路石 III"系列弹药，与"铺路石 II"系列中同重量的弹药相比，它拥有更远的滑翔距离，此外它采用更先进的激光接收和飞行控制套件，成本较原来昂贵，适于攻击防护严密的高价值目标。该弹药命中精度较高，可从通风竖井管道中进入地下目标内部爆炸。

原产地：美国	重量：906千克
弹径：370毫米	长度：4.32米
弹头类型：高爆弹头	舵面翼展：1650毫米
射程：18.4千米	制导方式：激光引导

GBU–27激光制导炸弹

GBU–27

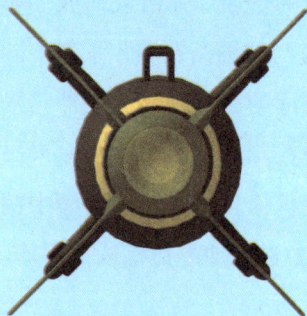

GBU–27 也属于"铺路石 III"系列激光制导弹药，但它实际上是 GBU–24 弹药的改进型，可由 F–117A "夜鹰"隐形战斗机搭载并使用。1991 年海湾战争期间，F–117A 战机多次投掷该弹药用于攻击伊军地下目标和设施，期间出现一次误炸事件，导致 400 余名伊平民丧生。

原产地：美国	重量：906千克
弹径：370毫米	长度：4.3米
弹头类型：高爆弹头	舵面翼展：1650毫米
射程：18.4千米	制导方式：激光引导

GBU-31联合直接攻击弹药（Mk84 JDAM）
GBU-31 (Mk84 JDAM)

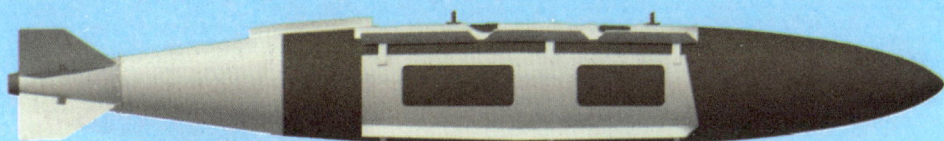

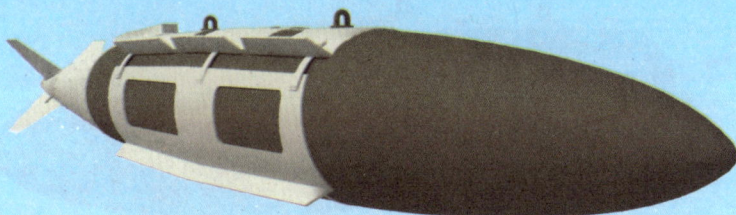

GBU-31 是 2000 磅级的 Mk84 普通炸弹加装采用 GPS 制导的联合直接攻击弹药套件后的新军用编号，也称为联合直接攻击弹药（Mk84 JDAM）。弹药发射后，利用惯性和 GPS 接收装置制导，对目标具备较高的命中精度。

原产地：美国	重量：925千克
弹径：458毫米	长度：3.28米
弹头类型：高爆弹头	舵面翼展：无
射程：28千米	制导方式：惯性+GPS引导

GBU-32联合直接攻击弹药（Mk83 JDAM）
GBU-32 (Mk83 JDAM)

GBU-32 是 1000 磅级的 Mk83 普通炸弹加装采用 GPS 制导的联合直接攻击弹药套件后的新军用编号，也称为联合直接攻击弹药（Mk83 JDAM）。与同类的激光精确制导弹药相比，采用惯性和 GPS 制导的 JDAM 弹药可全天候使用。

原产地：美国	重量：453千克
弹径：590毫米	长度：3～3.9米
弹头类型：高爆弹头	舵面翼展：无
射程：28千米	制导方式：惯性+GPS引导

GBU-38J联合直接攻击弹药（Mk82 JDAM）
GBU-38J (Mk82 JDAM)

GBU-38是500磅级的Mk82普通炸弹加装采用GPS制导的联合直接攻击弹药套件后的新军用编号，也称为联合直接攻击弹药（Mk82 JDAM）。该弹药首次投入实战是在2004年的伊拉克，当时两架F-16战机利用2枚该型炸弹摧毁了两栋据信藏有恐怖分子的建筑物。

原产地：美国	重量：227千克
弹径：273毫米	长度：2.22米
弹头类型：高爆弹头	舵面翼展：无
射程：28千米	制导方式：惯性+GPS引导

GBU-39小直径炸弹（SDB）
GBU-39 SMALL DIAMETER BOMB

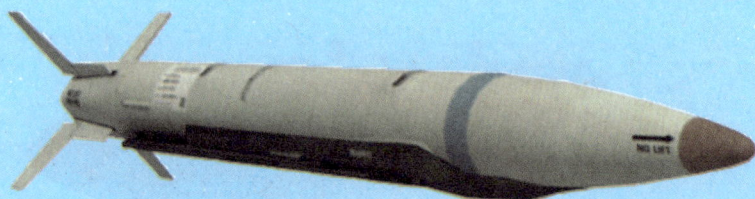

GBU-39 小直径炸弹的开发，是为给载机提供更大的弹药负载数量，以便能在一次任务中打击更多的单个目标。该炸弹共有两种型号，一种加装惯性 /GPS 制导套件，用于攻击静止目标；另一种加装热成像引导套件，用于攻击机动车辆，如机动过程中的装甲车或坦克等。

原产地：美国	重量：129千克
弹径：190毫米	长度：1.8米
弹头类型：高密度钝感金属炸药弹头	舵面翼展：无
射程：110千米	制导方式：惯性+GPS引导/红外引导

JP233子弹药布撒器
JP233 MUNITIONS DISPENSER

JP233 子弹药布撒器主要用于摧毁前华约国家机场跑道，布撒器可布撒多种类型子弹药，防止对方机场抢修人员在短时间内恢复机场功能。布撒器内分两段，后段内置 SG.357 侵彻爆破弹，用于炸毁机场跑道；前段内置 HB.867 区域地雷。1991 年海湾战争中，英国和沙特阿拉伯的"狂风"战斗轰炸机曾利用此弹药攻击伊军机场。

原产地：英国	子弹药重量：28.5千克
弹径：无	长度：无
弹头类型：无	舵面翼展：无
射程：无	制导方式：无

Mk82炸弹
MK82

Mk82炸弹也是美军广泛使用的一种通用型低阻炸弹。它是目前美国空军武器库中重量最小的炸弹。以其为基础，与激光制导改装套件或GPS制导改装套件结合后，构成不同的精确制导炸弹。

原产地：美国	重量：227千克
弹径：273毫米	长度：2.2米
弹头类型：高爆弹头	舵面翼展：无
射程：无	制导方式：无

任务荚舱

AAR–50导航前视红外荚舱（NAVFLIR）
AAR–50 NAVFLIR

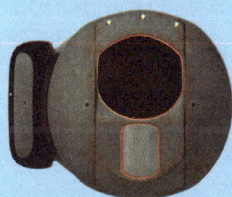

AAR–50导航前视红外荚舱（NAVFLIR）由休斯公司开发，与低空飞行的战机搭配使用，可为其提供夜间或恶劣天气条件下飞行时的导航服务。美国海军的F/A–18"大黄蜂"系列战斗机配备有该荚舱，用于为飞行员提供夜间的高品质地形导航图像。

原产地：美国	重量：97千克
直径：250毫米	长度：1.98米
舵面翼展：无	作用距离：不详
制导方式：无	

"狙击手"先进目标指示荚舱（ATP）

SNIPER ATP POD

  "狙击手"先进目标指示荚舱（ATP）由洛克希德·马丁公司开发，可供美国、加拿大和英国的多种战术飞机搭载使用。整个荚舱采用低阻外形设计，内置多光谱传感器以及一部第三代高分辨率前视红外CCD摄像机以及激光指示装置。

原产地：美国	子弹药重量：199千克
直径：300毫米	长度：2.39米
舵面翼展：无	作用距离：不详
制导方式：无	

ALQ 131电子战荚舱
ALQ 131 ECM POD

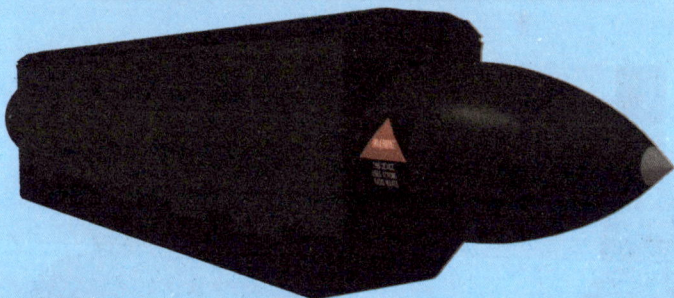

　　该电子战荚舱主要用于战机在危险空域的电子防御，可供美国大多数现役战术战机搭载使用。ALQ 131 电子战荚舱首次应用于实战在 1976 年，之后历经多次改进和升级，目前仍在服役。

原产地：美国		重量：306千克	
直径：300毫米		长度：3.05米	
舵面翼展：无		作用距离：不详	
制导方式：无			

AN/AAQ-13 "蓝盾"（LANTIRN）导航荚舱
AN/AAQ-13 LANTIRN NAVIGATION POD

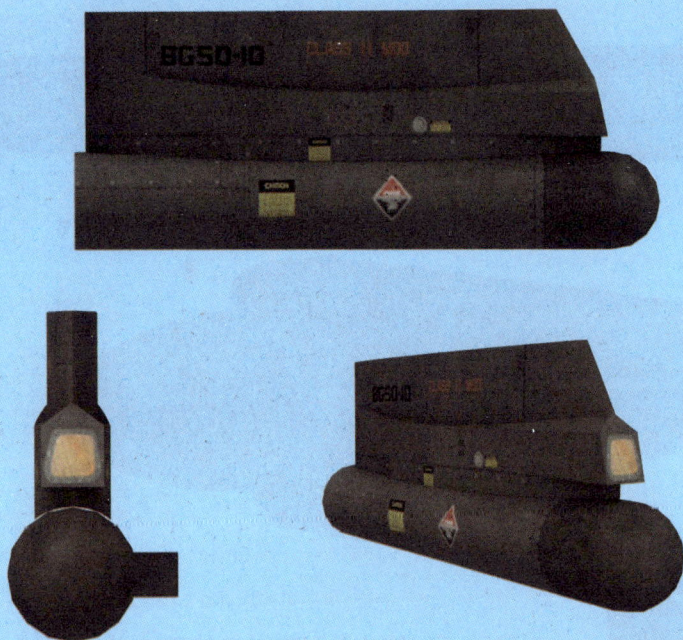

　　AN/AAQ-13 "蓝盾"导航荚舱为载机在夜间和恶劣天气条件下，提供高品质精确攻击导航能力。它包括一个地面跟踪雷达和一部固定红外传感装置，为载机控制系统提供探测到的地形，提示飞行员对可能的障碍进行规避。它所提供的地形红外图像同时也直接显示在飞行员的抬头显示器上。

原产地：美国	子弹药重量：204.6千克
直径：305毫米	长度：1.99米
舵面翼展：无	作用距离：不详
传感器：红外/雷达	

AN/AAQ-14 "蓝盾"（LANTIRN）目标指示荚舱

AN/AAQ-14 LANTIRN TARGETING POD

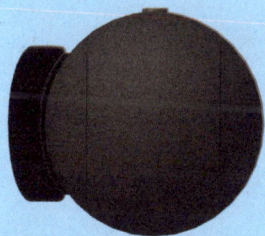

夜间低空导航和目标红外指示（LANTIRN）系列荚舱是美国空军为其 F-15E、F-16 等战机配备的战术功能荚舱。AN/AAQ-14 "蓝盾"目标指示荚舱也属于该荚舱系列，它使载机能够在夜间或恶劣天气条件下进行低空飞行时，为搭载的精确制导弹药进行导航和目标指示。

原产地：美国	重量：105千克
弹体直径：170毫米（不含控制舵面）	弹体长度：2.90米
弹头重量及类型：7.4千克高爆杀伤弹头	舵面翼展：510毫米
射程：20千米	制导方式：全向式红外引导

LITENING目标指示荚舱
LITENING TARGETING POD

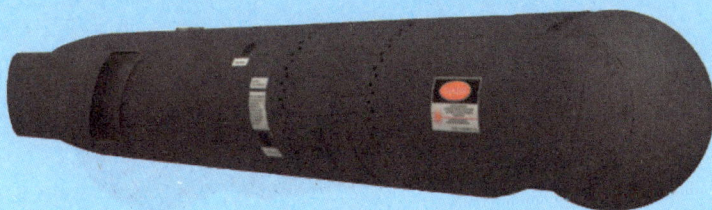

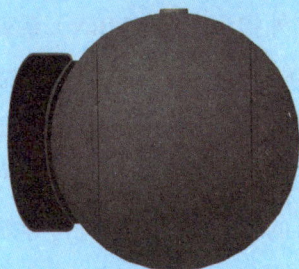

　　LITENING 目标指示荚舱目前广泛配备于多种美国军用飞机，搭载在战机外部，通过该荚舱的前视红外传感器，目标可清晰地显示给飞行员。它的前视域较宽广，在为其加装激光指示装置后，也能为激光制导弹药提供指引。

原产地：美国	子弹药重量：200千克
直径：406毫米	长度：2.2米
舵面翼展：无	作用距离：不详
制导方式：无	

AN/AAS–35 "铺路便士"（Pave Penny）目标指示荚舱

PAVE PENNY TARGETING POD

　　AN/AAS–35"铺路便士"目标指示荚舱由洛克希德公司开发，由攻击机挂载为其投掷的激光制导弹药指示目标。投掷弹药的载机无法使用自身挂载的AN/AAS–35荚舱发射的指示激光，只能由伙伴战机上的荚舱提供指引，但其他战机所载荚舱获得的相关目标信息能显示在投弹战机上。

原产地：美国	重量：14.5千克
直径：不详	长度：780毫米
舵面翼展：无	作用距离：32千米
制导方式：无	